指令编程

——用ChatGPT轻松实现编程

彭 刚 主编

清華大學出版社

北京

内 容 简 介

本书全面介绍了 ChatGPT 指令编程的基本原理和实际应用，分析了指令编程的挑战与未来发展方向。全书共 7 章。第 1 章介绍指令编程基础，第 2 章介绍指令编程的基本知识与技能，第 3 章介绍指令编写技术，第 4 章介绍指令编程实践，第 5 章介绍高级指令编程技巧，第 6 章分析指令编程的挑战，第 7 章对指令编程的未来进行展望。

本书注重实践性，涵盖了自然语言处理、软件开发、数据处理、图像处理等多个领域的应用案例。本书在讲解理论知识的同时，探讨了指令编程与人工智能模型的关系和技术改进方向，以及指令编程对应用程序开发和人机交互的影响。

本书可作为高等院校计算机专业及相关专业的教学用书，也可作为感兴趣读者的自学读物，还可作为相关研究人员和从业人员的参考用书。

本书封面贴有清华大学出版社防伪标签，无标签者不得销售。
版权所有，侵权必究。举报：010-62782989，beiqinquan@tup.tsinghua.edu.cn。

图书在版编目(CIP)数据

指令编程：用 ChatGPT 轻松实现编程/彭刚主编. —北京：清华大学出版社，2024.4(2024.12 重印)
ISBN 978-7-302-66046-0

Ⅰ. ①指… Ⅱ. ①彭… Ⅲ. ①人工智能－程序设计 Ⅳ. ①TP18

中国国家版本馆 CIP 数据核字(2024)第 070808 号

策划编辑：魏江江
责任编辑：王冰飞　葛鹏程
封面设计：刘　键
责任校对：刘惠林
责任印制：刘海龙

出版发行：清华大学出版社
　网　　址：https://www.tup.com.cn，https://www.wqxuetang.com
　地　　址：北京清华大学学研大厦 A 座　　**邮　　编**：100084
　社 总 机：010-83470000　　**邮　　购**：010-62786544
　投稿与读者服务：010-62776969，c-service@tup.tsinghua.edu.cn
　质量反馈：010-62772015，zhiliang@tup.tsinghua.edu.cn
　课件下载：https://www.tup.com.cn,010-83470236
印 装 者：三河市龙大印装有限公司
经　　销：全国新华书店
开　　本：185mm×260mm　　**印　张**：10.25　　**字　　数**：248 千字
版　　次：2024 年 5 月第 1 版　　**印　　次**：2024 年 12 月第 2 次印刷
印　　数：1501～2500
定　　价：49.00 元

产品编号：104049-01

前言

党的二十大报告指出：教育、科技、人才是全面建设社会主义现代化国家的基础性、战略性支撑。必须坚持科技是第一生产力、人才是第一资源、创新是第一动力，深入实施科教兴国战略、人才强国战略、创新驱动发展战略，这三大战略共同服务于创新型国家的建设。高等教育与经济社会发展紧密相连，对促进就业创业、助力经济社会发展、增进人民福祉具有重要意义。

本书是一本综合性的书籍，全面介绍了 ChatGPT 指令编程的核心内容和应用。首先解释了指令编程的概念和意义，接着详细探讨了指令编程的工作原理及其与人工智能模型的关系，帮助读者深入理解指令编程的基本原理和技术基础。全书共 7 章。第 1 章介绍指令编程基础，第 2 章介绍指令编程的基本知识与技能，第 3 章介绍指令编写技术，第 4 章介绍指令编程实践，第 5 章介绍高级指令编程技巧，第 6 章分析指令编程的挑战，第 7 章对指令编程的未来进行展望。

本书涵盖了指令编程在各个领域的实际应用案例，包括自然语言处理与对话系统的应用，在文本分类、情感分析和对话生成等方面的实际应用案例；介绍了指令编程在软件开发与自动化领域的应用，包括代码生成和自动化测试等方面的案例；探讨了指令编程在数据处理、图像处理、机器学习模型训练、物联网应用、金融领域、自动化报告生成、资源调度和优化、自动化文档生成等其他领域的应用案例，使读者能够全面了解指令编程的广泛应用领域。同时，本书还探讨了指令编程对应用程序开发的影响，以及对伦理和社会的影响，使读者能够深入思考与指令编程相关的各种问题。

通过阅读并学习本书，读者可以深入了解指令编程的基本原理、技术和应用，掌握相关的知识和技能，并对指令编程的挑战与前景有所了解。本书适合对指令编程感兴趣的学生、研究人员和从业人员阅读，也可作为相关课程的教材。无论是初学者还是有一定经验的专业人士，都可以从中获得实用的指导。

资源下载提示

数据文件：扫描目录上方的二维码下载。

程序源码：扫描每章开篇处的指令源码二维码，即可获取指令源码。

在编写本书的过程中，得到了许多帮助和支持，陆云博士为本书的理论框架和实践应用提供了坚实的基础，蔡冰铃、成心怡、陈紫欣参与了第 3 章内容的编写，陈芸对本书附件及支撑材料进行了编辑与整理工作，在此一并致以最深切的感激之情。

此外，还要感谢所有在本书编写过程中提供帮助的同事、朋友和家人。没有他们的鼓励、支持和理解，本书的完成将不会如此顺利。最后，感谢每一位读者，感谢你们选择阅读本书，并希望它能够为您带来知识上的启发和思想上的碰撞。

谨以此书，献给所有热爱知识、追求真理的人们。

编　者

2024 年 3 月

目录

资源下载

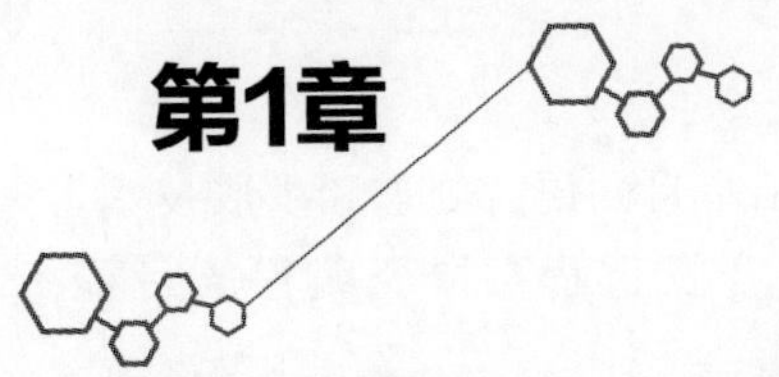

第1章 指令编程基础

本章将介绍指令编程的定义与背景，并深入讲解指令编程的工作原理及其与人工智能模型的关系；分析指令编程在各个领域的应用案例，包括自然语言处理与对话系统，软件开发与自动化等；讲述指令编程的发展历程，并对指令编程的挑战与前景进行讨论。

1.1 绪论

1.1.1 指令编程的定义与背景

指令编程是一种通过准确描述应用程序的技术需求，将这些需求作为指令提供给ChatGPT模型的方法。ChatGPT模型可以理解并解释这些指令，然后根据指令生成对应的代码或回答。指令编程为开发者提供了一种直接而高效的方式，以此实现应用程序开发。

在传统的应用程序开发中，开发者通常需要具备深厚的编程知识和技能，并且需要编写大量的代码来实现特定的功能。而指令编程通过利用ChatGPT模型的自然语言处理和生成能力，使得应用程序开发更加灵活、简化和高效。

指令编程背后的关键技术是基于大规模预训练语言模型的ChatGPT模型。这种模型通过在海量文本数据上进行预训练，学习到了丰富的语言知识和语义理解能力。通过将指令提供给ChatGPT模型，模型可以根据指令的描述和要求，生成相应的代码或回答。

指令编程的背景可以追溯到近年来快速发展的深度学习和自然语言处理领域。大规模预训练语言模型的出现为指令编程提供了强大的工具和技术基础。ChatGPT模型的出现和不断改进，使得指令编程变得更加可行和普及，为开发者提供了一种新的开发范式。

指令编程的应用领域相当广泛。它可以用于快速原型开发、自动化任务、生成代码片段、自动生成文档和报告等。指令编程的灵活性和便捷性使得开发者能够更加专注于业务逻辑和需求描述，而无须过多关注底层的编程细节。

本书将深入探讨指令编程的各方面，包括指令编写的技巧与方法、数据处理、调试与优化、用户输入与输出处理等。通过学习指令编程，读者将能够有效地利用ChatGPT模型进行应用程序开发，从而提高开发效率和代码质量。

1.1.2 指令编程的目标与优势

指令编程作为一种创新的应用程序开发方法，旨在通过结合自然语言处理和生成技术，以 ChatGPT 模型为基础，实现更高效、更灵活和更智能的开发过程。指令编程的目标如下。

(1) 简化开发流程：指令编程的目标之一是简化应用程序开发的流程。开发者只需要准确描述技术需求和操作步骤，并将其作为指令提供给 ChatGPT 模型，而无须深入学习复杂的编程语言和框架。这使得开发过程更加直观和简单，并且降低了编程门槛，使更多的人能够参与到应用程序开发中。

(2) 提高开发效率：指令编程可以极大地提高开发效率。通过向 ChatGPT 模型提供准确的指令，模型能够快速理解开发者的需求并生成相应的代码或回答。这节省了开发者编写大量烦琐代码的时间，加快了开发速度。同时，ChatGPT 模型还能够提供智能化的建议和解决方案，帮助开发者快速解决遇到的问题，进一步提高开发效率。

(3) 降低学习成本：对于初学者和非专业开发者来说，学习和掌握编程语言和开发框架可能是一项艰巨的任务。指令编程通过自然语言的方式提供开发需求，降低了学习编程语言的门槛。开发者无须深入了解编程语法和细节，只需要用自然语言表达需求即可。这同样可以使更多的人能够参与到应用程序开发中，拓宽了开发者的基础。

(4) 提供灵活性与适应性：指令编程具有很高的灵活性和适应性。通过 ChatGPT 模型的语义理解和生成能力，开发者可以使用自然语言灵活描述各种技术需求和操作步骤。这种灵活性使得指令编程可以应用于各种领域和任务，包括文本处理、图像处理、机器学习等应用场景。指令编程的适应性还体现在其能够与不同编程语言和开发环境实现集成，使得开发者能够在熟悉的环境中使用指令编程。

总之，指令编程的目标是通过准确描述应用程序的技术需求，并将其作为指令提供给 ChatGPT 模型，从而实现快速、智能化的应用程序开发。

指令编程的优势如下。

(1) 指令编程允许开发者以自然语言的方式表达需求，无须逐行编写代码。ChatGPT 模型能够快速理解指令并生成相应的代码或回答，从而极大地提高开发效率。开发者能够更专注于问题的本质，而不必纠结于具体的语法和细节。

(2) 指令编程简化了应用程序开发的流程。开发者只需要提供清晰、详细的指令，而无须深入研究复杂的编程语言和框架。这使得开发过程更加直观，降低了学习曲线，使更多的人能够参与到应用程序开发中。

(3) 对于初学者和非专业开发者来说，学习编程语言和技术通常需要花费大量时间和精力。指令编程通过使用自然语言描述需求，将复杂的编程概念转化为可理解的指令，降低了学习成本。这使得开发变得更加容易，同样也可以让更多人有机会参与应用程序开发。

(4) 指令编程具有很高的灵活性和适应性。开发者可以根据具体需求使用不同的指令，使得应用程序开发更加多样化。指令编程还能够应用于各种领域和任务，使得开发者可以根据需求调整指令的形式和内容，实现定制化的开发过程。

(5) 指令编程为开发者和领域专家之间的合作提供了更好的平台。通过以自然语言的形式描述需求，开发者能够更好地与领域专家进行沟通和理解，共同推动创新。指令编程还鼓励知识的共享和交流，促进跨领域合作，使得应用程序开发更具创造性和多样性。

举个例子来说明指令编程的优势。假设开发者想要创建一个用于情感分析的应用程序。传统的方法可能需要学习并使用各种机器学习算法，编写大量的代码来处理文本数据，构建模型等。然而，通过指令编程，开发者只需要用自然语言描述需求，如“创建一个情感分析应用程序，输入一段文本并输出情感极性（正面、负面、中性）”。ChatGPT 模型可以理解这样的指令，生成相应的代码并快速实现情感分析功能，从而大大简化了开发流程。

指令编程还可以在软件开发和自动化领域发挥重要作用。例如，在代码生成方面，开发者可以使用指令编程来描述所需的功能和逻辑，ChatGPT 模型可以生成相应的代码片段，从而加速开发过程。在自动化测试方面，开发者可以通过指令编程来描述测试用例和期望的结果，ChatGPT 模型可以生成相应的测试脚本并自动执行测试任务，从而提高测试效率。

指令编程的优势使其在不同的应用领域都能发挥作用。从自然语言处理和对话系统到软件开发和自动化，指令编程为开发者提供了一种直观、高效、智能的开发方式，推动了应用程序开发的进步和创新。尽管指令编程还面临一些挑战，但随着技术的不断发展和改进，它将继续为应用程序开发带来更多的机遇和更广阔的前景。

1.2　指令编程概述

指令编程是一种与人工智能大模型进行沟通、生成程序的表达方式。在指令编程中，编程人员通过与聊天型人工智能模型（如 ChatGPT）进行交互，以自然语言的形式提供指令和需求，并从模型中获取生成的程序代码。这种编程方法使得编程过程更加直观和易于理解，同时提供了更灵活的方式进行实现。

指令编程的工作原理是基于自然语言处理和人工智能技术进行编程。编程人员可以使用自然语言来描述问题和需求，然后模型将解析和理解这些指令，并生成相应的程序代码。这种方式使得编程过程更加交互式和人性化，让非专业人员也能参与到程序开发中，从而加快了应用程序的开发速度并降低了技术门槛。

指令编程的应用前景相当广阔。它可以应用于各个领域，包括虚拟助手、智能问答系统、自动化工作流程等。通过与人工智能大模型进行指令交互，开发人员可以快速创建和定制各种应用程序，满足不断变化的需求。指令编程还促进了创新和用户体验的提升，通过智能生成代码和自动化工作流程等功能，为用户提供更智能、个性化的体验。随着人工智能技术的不断进步，指令编程将在各个领域中发挥重要作用，推动应用程序开发的全面革新。

1.2.1　指令编程的实现

指令编程的实现建立在 ChatGPT 模型的自然语言处理和生成能力之上。ChatGPT 是一个强大的语言模型，经过大量的预训练和微调，能够理解指令并生成自然语言文本。

在指令编程中，开发者将应用程序的技术需求以自然语言的形式提供给 ChatGPT 模型作为输入。这些技术需求可以是具体的功能要求、算法逻辑、输入/输出规范等。开发者需要确保指令的准确性、清晰度和详细程度，以便模型能够准确理解并生成相应的代码或回答。

一旦开发者提供了指令输入，ChatGPT 模型会对其进行处理并生成相应的输出。模型内部经过预训练的深度神经网络会对输入进行编码和理解，通过对上下文的建模和语义的理解，推理出与指令相关的编程任务。

在生成输出时，ChatGPT 模型会利用其生成文本的能力生成代码片段、建议或回答，以满足开发者的需求。这些生成的输出可能包括具体的编程语句、函数定义、数据处理逻辑等，取决于开发者提供的指令和模型对指令的理解。

举个例子来说明指令编程的实现过程。假设开发者想要创建一个简单的计算器应用程序，用户输入两个数字和运算符，程序输出计算结果。开发者可以将需求以指令的形式输入给 ChatGPT 模型，如“创建一个计算器应用程序，用户输入两个数字和运算符，程序输出计算结果”。模型理解这个指令后，可以生成相应的代码片段，实现用户输入的计算逻辑，并输出计算结果。

指令编程的实现依赖于 ChatGPT 模型的能力。该模型在预训练阶段通过大规模的语料库学习到了丰富的语言知识，从而提高了自身的语义理解能力。然后，在微调阶段，模型通过特定领域的数据集进行深度训练，使其在特定任务上表现更出色。这使得模型能够理解开发者提供的指令，并生成与之相关的代码或回答。

需要注意的是，指令编程的工作原理并不是完全无人工干预的。尽管 ChatGPT 模型具备自动生成代码的能力，但生成的代码往往需要经过开发者的审查、调整和修改。开发者需要仔细检查生成的代码是否符合预期，以确保其正确性和可用性。在这个过程中，开发者可以根据需要对生成的代码进行重构、优化和扩展。开发者可以根据生成的代码，以此为基础进一步完善和调整，添加必要的错误处理、边界条件、输入验证等，确保应用程序的稳定性和可靠性。

指令编程的实现还涉及开发者与 ChatGPT 模型之间的交互过程。当开发者提供指令作为输入时，模型会生成相应的输出，如代码片段或回答。开发者可以对生成的输出进行反馈和迭代，进一步细化指令的描述，修改或调整生成的代码。这种交互过程可以持续进行，直到开发者满意为止。

指令编程的实现过程体现了自然语言处理和生成技术在应用程序开发中的创新应用。通过将开发者的指令转化为代码或回答，大大简化了开发过程，降低了学习成本，提高了开发效率。它使得那些不具备深入编程知识的人员也能够参与应用程序的开发，并实现自己的创意和想法。

需要注意的是，指令编程的实现也存在一些限制和挑战。模型对于复杂的技术需求可能理解不准确或无法生成满足要求的代码。此外，模型的输出可能存在一定的不确定性，需要开发者进行验证和调试。因此，在使用指令编程进行应用程序开发时，开发者需要具备一定的编程知识和经验，这样才能理解和处理模型生成的代码，从而确保最终应用程序的质量和可用性。

尽管存在一些挑战，但指令编程仍然具有巨大的潜力和前景。随着自然语言处理和生成技术的不断发展，ChatGPT 模型的能力将不断提升，可以更准确地理解指令并生成代码。指令编程有望成为应用程序开发的一种创新方法，为开发者提供更便捷、更智能的开发体验，进而推动应用程序开发的进步和创新。

1.2.2 指令编程与人工智能模型的关系

指令编程与人工智能模型密切相关，特别是与ChatGPT这样的强大语言模型更是紧密结合。指令编程通过人工智能模型的语言理解和生成能力，为开发者提供一种新颖而高效的应用程序开发方法。

在指令编程中，开发者可以通过与ChatGPT模型进行交互，将自然语言形式的指令输入模型，并期望模型生成符合需求的代码或回答。这种交互式的方式使得开发者可以直接与模型进行对话，类似于与人交流的方式，以此表达需求。

指令编程的关键在于将开发者的意图和需求准确传达给模型。开发者需要以清晰、明确的语言描述技术需求，包括功能要求、算法逻辑、输入/输出规范等。模型会对这些指令进行理解和解析，然后生成相应的代码、回答或建议。

一旦指令被传递给模型，它会利用深度学习算法对输入进行处理，建立起对上下文的理解，并推断出与指令相关的编程任务。然后，模型会生成代码片段、函数定义、算法逻辑等，以满足开发者的需求。这些生成的结果可以作为开发应用程序的基础，并根据需要进行调整和优化。

下面通过一个示例展示指令编程与人工智能模型的关系。假设开发者想要创建一个图像分类应用程序，可以通过指令编程的方式与ChatGPT模型进行交互。开发者可以输入指令，如“创建一个图像分类应用程序，输入一张图片，输出图片的类别标签”。模型理解这个指令后，可以生成相应的代码片段，包括加载训练好的模型、图像预处理、推理过程等，最终实现图像分类功能。

指令编程与人工智能模型的关系使得应用程序开发更加智能化和自动化。开发者可以利用模型的语言理解和生成能力，通过简单的指令表达需求，从而减少了烦琐的手动编写代码的过程。这种交互式的开发方式不仅节省了时间和精力，还降低了技术门槛，使更多人能够参与到应用程序开发中。

另外，模型的训练数据和学习能力将会对指令编程的结果产生影响，因此，模型的质量和性能是一个关键因素。对于复杂的技术需求，开发者可能需要结合手动编程的方法，与模型生成的代码进行整合和优化。

尽管指令编程与人工智能模型的结合还存在一些问题，但并不会影响其应用。随着人工智能模型的不断发展，其在语言理解和生成方面的能力将不断提高。模型可以更准确地理解开发者的指令，生成更精确、更高质量的代码片段。同时，对于开发者而言，指令编程也将提供一种更加直观且高效的方式来开发应用程序，从而提高开发效率。

1.3 指令编程的应用领域

指令编程在各个领域都有广泛的应用。其中，自然语言处理与对话系统是指令编程的一个重要应用领域。在文本分类方面，通过与人工智能大模型交互，可以轻松实现对文本进行分类和标记的任务。在情感分析方面，通过指令编程可以快速提取文本中的情感信息，用于情感分析和情绪识别。此外，指令编程在对话生成中也发挥着重要作用，通过与模型的对话交互，可以生成自然流畅的对话内容。

另一个重要应用领域是软件开发与自动化。指令编程可以用于代码生成，通过与人工智能大模型的交互，可以自动生成代码片段、函数或整个应用程序的框架。在自动化测试方面，指令编程可以帮助生成测试用例、自动化执行测试流程和自动分析测试结果，提高软件质量和开发效率。

除了以上两个领域外，指令编程还在许多其他领域展现了强大的应用能力。在数据处理方面，可以利用指令编程进行数据清洗、转换和分析，提高数据处理的效率和准确性；在图像处理方面，指令编程可以应用于图像识别、图像增强和图像生成等任务；在机器学习模型训练方面，指令编程可以帮助优化模型参数、调整模型架构和自动化模型训练过程；在物联网应用方面，指令编程可以用于设备控制、数据采集和远程监控等任务；在金融应用方面，可以利用指令编程进行交易分析、风险管理和投资决策。此外，自动化报告生成、资源调度和优化、自动化文档生成等领域也都可以借助指令编程实现自动化和提高工作效率。

指令编程能够通过与人工智能大模型进行交互，实现自动化、高效和个性化的任务处理，为各行各业提供了强大的编程工具和技术支持。

1.3.1 自然语言处理与对话系统

自然语言处理与对话系统是指令编程的重要应用领域，涵盖了文本分类、情感分析和对话生成等方面。

(1) 在文本分类中，指令编程可以通过与人工智能大模型的交互，实现对文本进行自动分类和标记的任务。通过提供相应的指令，编程人员可以向模型传达分类的要求，使其能够根据预定义的标准对文本进行准确的分类，如将新闻文章分为体育、政治、娱乐等类别。

(2) 在情感分析中，指令编程可以通过与模型的交互，快速提取文本中的情感信息。编程人员可以通过指令来指导模型分析文本的情感倾向，如积极、消极或中性。这种应用对于市场调研、社交媒体分析和舆情监控等领域具有重要意义，可以帮助人们了解大量文本数据中的情感倾向和观点。

(3) 在对话生成中，通过与模型的交互，编程人员可以通过指令来引导模型生成自然流畅的对话内容。这使得对话系统能够以更智能、更个性化的方式与用户交互，提供符合用户需求的回答和解决方案。对话生成的应用案例包括智能助理、在线客服系统和虚拟人物等，通过指令编程的方式，相关系统能够更好地理解用户意图并作出相应的回应。

指令编程在文本分类、情感分析和对话生成等方面发挥着关键作用，通过与人工智能大模型的交互，可以实现自动化、个性化和智能化的任务处理。相关应用案例在信息处理、用户体验和决策支持等方面具有广泛的应用前景。

1. 指令编程在文本分类中的应用案例

在文本分类任务中，指令编程可以帮助开发者自动生成用于分类的代码。下面是一个具体的应用案例。

假设有一个电子邮件分类的应用程序，需要将输入的电子邮件按照预定义的分类标准进行分类，如“工作”“个人”“广告”等。使用指令编程的方法，开发者可以提供以下指令。

```
指令(粗略的)：根据电子邮件的内容和特征，将其分类为"工作""个人"或"广告"。
指令(明确的)：编写一个 Python 函数，接收电子邮件的内容和特征作为输入，返回邮件的分类结果为"工作""个人"或"广告"。
```

第 2 条指令明确了函数的名称、输入参数和返回结果，并指导模型生成相应的代码来进行分类。模型的输出可以是类似以下代码的结果。

```
def classify_email(content, features):
    #在这里添加分类逻辑
    #根据邮件的内容和特征进行分类，并返回分类结果
    #示例代码
    if "工作" in features:
        return "工作"
    elif "个人" in features:
        return "个人"
    elif "广告" in features:
        return "广告"
    else:
        return "未知"
```

在上述案例中，模型根据邮件的内容和特征进行简单的分类逻辑判断，将其归类为“工作”“个人”“广告”或“未知”，输出类别数多于指令要求。这只是一个简单的案例，实际的分类逻辑可能需要更复杂的处理。

通过编写准确和清晰的指令，可以指导 ChatGPT 模型生成符合预期的代码，用于电子邮件分类。但需要注意的是，指令编程仍然处于初步发展阶段，可能需要进一步的优化和调试，以适应具体的应用需求。

在实际应用中，开发者将指令作为输入提供给 ChatGPT 模型，模型理解指令的含义并生成相应的代码片段，以此完成文本分类的任务。生成代码的步骤如下。

（1）数据预处理：模型可能会生成代码来处理原始电子邮件数据，如去除特殊字符、标点符号和停用词等。

（2）特征提取：模型可能会生成代码来提取关键特征，如词频、TF-IDF 值、n-gram 等。

（3）分类算法：模型可能会生成代码来应用机器学习或深度学习算法，如朴素贝叶斯、支持向量机、卷积神经网络等，以训练和应用分类模型。

（4）模型评估：模型可能会生成代码来评估分类模型的性能，如准确率、精确率、召回率等。

通过指令编程，开发者无须手动编写烦琐的代码，而是通过描述需求，让 ChatGPT 模型生成相应的代码，从而实现电子邮件分类的功能。这大大简化了开发过程，提高了开发效率。

另外，指令编程还可以灵活应用于其他文本分类任务，如情感分析、主题识别等。开发者只需要提供相应的指令，模型就可以生成相应的代码来完成任务。

在文本分类的应用案例中，指令编程通过 ChatGPT 模型的生成能力，自动生成适用于不同分类任务的代码，简化开发流程的同时提高了效率，并促进了文本分类技术的应用与发展。

2. 指令编程在情感分析中的应用案例

指令编程可用于生成情感分析任务的代码。通过描述情感分类要求和预处理步骤，模型可以自动生成情感分析算法的代码。下面是一个关于指令编程在情感分析中的应用案例。

假设正在开发一个社交媒体监测工具，需要对用户在社交媒体上的评论进行情感分析，

以了解他们对不同产品或服务的情感倾向。同时，根据评论的内容，将其分为“积极”“消极”或“中性”。

使用指令编程的方法，开发者可以提供以下指令。

指令(粗略的)：根据用户在社交媒体上的评论内容，对其进行情感分析，将其情感分类为"积极""消极"或"中性"。
指令(明确的)：编写一个 Python 函数，接收社交媒体评论的内容作为输入，返回评论的情感分类结果为"积极""消极"或"中性"。

第 2 条指令明确了函数的名称、输入参数和返回结果，并指导模型生成相应的代码来进行情感分析。模型的输出可以是类似以下代码的结果。

```
def classify_sentiment(comment):
    #在这里添加情感分析逻辑
    #根据评论的内容进行情感分类，并返回分类结果
    #示例代码
    #使用情感分析模型对评论进行预测，将其分类为"积极""消极"或"中性"
    sentiment = sentiment_analysis_model.predict(comment)
    if sentiment >= 0.6:
        return "积极"
    elif sentiment <= 0.4:
        return "消极"
    else:
        return "中性"
```

在上述案例中，模型使用情感分析模型对评论进行预测，将其分类为“积极”“消极”或“中性”。具体的情感分析逻辑可能涉及使用情感分析模型、处理文本数据、特征提取等步骤。

通过编写准确、清晰的指令，可以指导 ChatGPT 模型生成符合预期的代码，用于社交媒体评论的情感分析。需要注意的是，情感分析是一个复杂的任务，可能需要使用现有的情感分析模型或进行自定义模型的训练，以获得更准确的情感分类结果。

在实际应用中，开发者将指令作为输入提供给 ChatGPT 模型，模型理解指令的含义并生成相应的代码，以此实现情感分析的功能。生成代码的步骤如下。

(1) 数据预处理：模型可能会生成代码来清理和预处理评论内容，如去除标点符号、特殊字符，转换大小写字母等。

(2) 情感特征提取：模型可能会生成代码来提取情感分析所需的特征，如词袋模型、词向量表示、n-gram 特征等。

(3) 情感分类算法：模型可能会生成代码来应用机器学习或深度学习算法，如支持向量机、卷积神经网络、循环神经网络等，以训练和应用情感分类模型。

(4) 结果解析：模型可能会生成代码来解析情感分类结果，并将评论标记为“积极”“消极”或“中性”。

通过指令编程，开发者可以借助 ChatGPT 模型的生成能力，自动生成适用于情感分析的代码，而无须手动编写复杂的特征提取和分类算法。

例如，假设有以下评论作为输入：“这款产品真是太棒了！我完全爱上它了。”模型生成的代码会进行数据预处理，提取特征并应用情感分类算法，最终将评论分类为“积极”。

指令编程在情感分析中的应用案例，不仅限于社交媒体评论，还可以扩展到其他文本数据，如产品评价、客户反馈、新闻报道等。通过提供适当的指令，ChatGPT 模型能够生成相应的代码来满足情感分析的需求。

指令编程为开发者提供了一种快速且准确的方式来实现情感分析任务，减少了手动编写和调试代码的工作量。同时，指令编程还提供了灵活性和可扩展性，使开发者能够根据不同的情感分析需求定制代码生成过程。

除了基本的情感分类外，指令编程还可以处理以下更复杂的情感分析任务。

(1) 多类别情感分类：除了"积极""消极"和"中性"外，还可以扩展情感分类的类别，如"喜欢""厌恶""惊讶"等。通过提供相应的指令，ChatGPT 模型可以生成适用于多类别情感分类的代码。

(2) 情感强度分析：除了将评论分类为不同的情感类别外，还可以进一步分析情感的强度或程度。例如，判断评论中表达的情感是"非常积极"还是"稍微积极"。指令编程可以生成相应的代码来实现情感强度分析。

(3) 长文本情感分析：针对较长的文本内容，如文章、评论集合或推文流，指令编程可以生成适用于长文本情感分析的算法和处理流程。在解析长文本时，可能涉及文本分段、上下文理解和整体情感分析。

下面通过具体的案例进行分析。一个在线购物网站希望通过用户的评论来分析其产品的用户满意度，这可以使用指令编程来实现。开发者可以提供以下指令。

> 指令(粗略的)：根据用户在购物网站上的评论进行情感分析，将其分类为"积极""消极"或"中性"，并提供情感强度评分。
> 指令(明确的)：编写一个 Python 函数，接收购物网站用户评论的内容作为输入，返回评论的情感分类结果为"积极""消极"或"中性"，以及一个 0～1 的情感强度评分。

第 2 条指令明确了函数的名称、输入参数和返回结果，并指导模型生成相应的代码，以此进行情感分析。模型的输出可以是类似以下代码的结果。

```
def analyze_sentiment(comment):
    # 在这里添加情感分析逻辑
    # 根据评论的内容进行情感分类和评分
    # 示例代码
    # 使用情感分析模型对评论进行预测，将其分类为"积极""消极"或"中性"
    sentiment = sentiment_analysis_model.predict(comment)
    # 计算情感强度评分
    sentiment_score = sentiment_analysis_model.predict_score(comment)
    if sentiment >= 0.6:
        sentiment_label = "积极"
    elif sentiment <= 0.4:
        sentiment_label = "消极"
    else:
        sentiment_label = "中性"
    return sentiment_label, sentiment_score
```

在上述案例中，模型使用情感分析模型对购物网站用户评论进行预测，将其分类为"积极""消极"或"中性"，并计算情感强度评分。具体的情感分析逻辑可能涉及使用情感分析模型、处理文本数据、特征提取等步骤。

通过编写准确、清晰的指令，可以指导 ChatGPT 模型生成符合预期的代码，用于购物网站用户评论的情感分析，并提供情感分类和情感强度评分。代码将对每个评论进行处理，将其情感分类为相应的类别，并给出相应的情感强度评分，以表明用户对产品的满意度。

例如，假设有以下评论作为输入："这件衣服的质量很好，颜色也很漂亮，我非常满意购买它。"通过指令编程生成的代码将对该评论进行情感分析，将其分类为"积极"，并给出高强度的情感评分。

需要注意的是，指令编程在情感分析中的应用并不是简单地替代人工分析，而是为开发者提供一个辅助工具，快速生成代码框架以加快开发速度，并在一定程度上提供标准化的结果。开发者仍然需要根据实际情况对代码进行优化和调整，以满足特定任务的要求。

3. 指令编程在对话生成中的应用案例

指令编程可以用于开发对话系统的代码。通过描述对话场景、对话策略和语言生成规则，模型可以生成相应的对话系统代码。指令编程在对话生成中的应用案例包括聊天机器人、虚拟助手和客服系统等。下面通过一个具体的案例来详细说明指令编程在对话生成中的应用。

假设要开发一个旅行助手的对话系统，用户可以与该系统进行自然语言对话，询问旅行目的地、交通方式、住宿和旅游景点等信息，并获取相关的建议和推荐。通过指令编程，以自然语言的形式描述该对话系统的需求，并让 ChatGPT 模型生成相应的代码。开发者可以提供以下指令。

```
指令：生成一个旅行助手对话系统的代码，用户可以提问关于旅行的问题，并获取相关的回答和建议。对话系统应包括以下功能。
(1) 用户可以询问目的地，例如："我想去巴黎旅行。"
(2) 用户可以询问交通方式，例如："我应该怎么去巴黎？"
(3) 用户可以询问住宿信息，例如："有什么推荐的酒店吗？"
(4) 用户可以询问旅游景点，例如："巴黎有哪些著名的景点？"
(5) 对话系统应能够根据用户的问题提供相应的回答和建议，并保持上下文的连贯性。
```

下面是一个简单的示例代码，演示了一个旅行助手对话系统的实现。需要注意的是，这只是一个简化的版本，实际应用中可能需要更复杂的逻辑和数据。

```
def travel_assistant():
    print("欢迎使用旅行助手！我可以回答关于旅行的问题并提供建议。")
    print("请提出您的问题或输入'退出'来结束对话。")
    while True:
        user_input = input("用户：")
        if user_input == "退出":
            print("谢谢您的使用，祝您旅途愉快！")
            break
        #检测用户问题的类型并生成相应的回答
        if "目的地" in user_input:
            destination = extract_destination(user_input)
            answer = get_destination_info(destination)
        elif "交通方式" in user_input:
            transportation = extract_transportation(user_input)
            answer = get_transportation_info(transportation)
        elif "住宿信息" in user_input:
            answer = get_accommodation_recommendation()
        elif "旅游景点" in user_input:
```

```
            answer = get_attractions_info()
        else:
            answer = "抱歉,我无法理解您的问题。请问还有其他问题吗?"
        print("旅行助手: " + answer)
def extract_destination(user_input):
    # 在用户输入中提取目的地信息
    # 示例代码:使用简单的字符串匹配方法提取目的地
    destinations = ["巴黎", "伦敦", "罗马", "东京", "纽约"]
    for destination in destinations:
        if destination in user_input:
            return destination
    return ""
def extract_transportation(user_input):
    # 在用户输入中提取交通方式信息
    # 示例代码:使用简单的字符串匹配方法提取交通方式
    transportation_methods = ["飞机", "火车", "汽车", "轮船"]
    for transportation in transportation_methods:
        if transportation in user_input:
            return transportation
    return ""
def get_destination_info(destination):
    # 根据目的地提供相关信息
    # 示例代码:根据目的地返回相关的介绍和建议
    if destination == "巴黎":
        return "巴黎是法国的首都,被誉为浪漫之都。您可以游览埃菲尔铁塔、卢浮宫和圣母院等
景点。"
    elif destination == "伦敦":
        return "伦敦是英国的首都,拥有丰富的历史和文化遗产。您可以参观大本钟、大英博物馆
和伦敦塔等景点。"
    elif destination == "罗马":
        return "罗马是意大利的首都,有着悠久的历史和令人惊叹的古迹。您可以游览斗兽场、万
神殿等景点。"
```

通过以上指令,ChatGPT 模型可以生成相应的对话系统代码,包括对话流程的控制逻辑、语义解析和生成回答的规则等。开发者可以将生成的代码重构并与其他组件整合,最终实现一个完整的旅行助手对话系统。

这样的指令编程方法可以大大简化对话系统的开发过程。开发者只需要描述对话系统的功能需求,而无须手动编写大量的代码和规则。ChatGPT 模型通过理解指令并生成代码,提供了快速开发对话系统的能力。

指令编程为对话生成提供了一个强大的起点,加速了对话系统的开发和迭代过程,使其更加智能和自适应。但值得注意的是,指令编程在对话生成中并不是一劳永逸的解决方案。生成的代码可能需要进一步优化和调整,以满足具体应用场景和用户需求。

1.3.2 软件开发与自动化

软件开发与自动化是指令编程的另一个重要应用领域,其中包括代码生成和自动化测试。指令编程在软件开发过程中发挥着关键的作用,通过与人工智能大模型的互动,可以实现自动化的代码生成和自动化测试任务。

在代码生成方面,指令编程可以通过与模型的交互,根据编程人员提供的指令和要求,自动生成代码。这种方式可以极大地提高开发效率,减少编写重复代码的工作量。编程人

员可以通过指令告诉模型所需的功能和逻辑，然后模型会生成相应的代码，从而加快开发速度并减少错误。

在自动化测试方面，指令编程可以帮助开发人员实现自动化的软件测试过程。编程人员可以通过指令告诉模型需要测试的功能和测试用例，模型可以自动执行这些测试用例并生成相应的测试报告。这种自动化测试方式能够提高测试效率、减少人力成本，并提高软件质量。

1. 指令编程在代码生成中的应用案例

指令编程可以自动生成代码片段和模板，加速软件开发过程。通过指令编程，开发者可以用自然语言的形式描述功能需求和交互行为，并让 ChatGPT 模型自动生成相应的代码片段和模板。

下面通过一个具体的案例来详细说明指令编程在代码生成中的应用。开发者可以提供以下指令。

> 指令：生成一个用于图像分类的深度学习模型的代码。模型应包括卷积神经网络的结构、训练过程和预测函数。代码应具有可定制性，允许用户自定义网络层数、激活函数和优化器等参数。

下面是一个示例代码，演示了一个用于图像分类的深度学习模型的实现。代码使用了 PyTorch 库，并提供了一些可自定义的参数选项。

```
import torch
import torch.nn as nn
import torch.optim as optim
class CustomCNN(nn.Module):
    def __init__(self, num_classes, num_layers = 2, activation = 'relu'):
        super(CustomCNN, self).__init__()
        self.num_layers = num_layers
        self.activation = activation
        #定义卷积神经网络的结构
        self.conv_layers = nn.ModuleList()
        self.conv_layers.append(nn.Conv2d(3, 16, kernel_size = 3, padding = 1))
        self.conv_layers.append(nn.BatchNorm2d(16))
        for _ in range(self.num_layers - 1):
            self.conv_layers.append(nn.Conv2d(16, 16, kernel_size = 3, padding = 1))
            self.conv_layers.append(nn.BatchNorm2d(16))
        self.fc = nn.Linear(16 * 32 * 32, num_classes)
        #定义激活函数
        if self.activation == 'relu':
            self.activation_func = nn.ReLU()
        elif self.activation == 'sigmoid':
            self.activation_func = nn.Sigmoid()
        elif self.activation == 'tanh':
            self.activation_func = nn.Tanh()
    def forward(self, x):
        #前向传播
        for layer in self.conv_layers:
            x = layer(x)
            x = self.activation_func(x)
        x = x.view(x.size(0), -1)
        x = self.fc(x)
        return x
```

```
def train_model(model, train_loader, criterion, optimizer, num_epochs):
    device = torch.device("cuda" if torch.cuda.is_available() else "cpu")
    model.to(device)
    for epoch in range(num_epochs):
        running_loss = 0.0
        for inputs, labels in train_loader:
            inputs = inputs.to(device)
            labels = labels.to(device)
            optimizer.zero_grad()
            outputs = model(inputs)
            loss = criterion(outputs, labels)
            loss.backward()
            optimizer.step()
            running_loss += loss.item()
        print(f"Epoch {epoch + 1}/{num_epochs} Loss: {running_loss/len(train_loader)}")
def predict(model, test_loader):
    device = torch.device("cuda" if torch.cuda.is_available() else "cpu")
    model.to(device)
    predictions = []
    with torch.no_grad():
        for inputs in test_loader:
            inputs = inputs.to(device)
            outputs = model(inputs)
            _, predicted = torch.max(outputs.data, 1)
            predictions.extend(predicted.tolist())
    return predictions
```

在上述代码中，可以根据需要调整网络的层数、激活函数和优化器等参数。使用此代码，可以创建一个自定义的卷积神经网络模型，并对其进行训练和预测，以进行图像分类任务。

注意：需要提供适合的数据集和数据加载器来训练和测试模型。

通过以上指令，ChatGPT 模型可以生成相应的代码，包括构建卷积神经网络模型的层次结构、定义训练过程和编写预测函数的代码逻辑。生成的代码可以根据用户的需求进行自定义和扩展，以满足不同的图像分类任务。

指令编程在代码生成中的应用案例，不仅限于深度学习模型，还可以涉及其他领域的代码开发。例如，可以生成用于数据处理和分析的代码，如数据清洗、特征提取和统计分析等。指令编程可以根据描述的数据处理需求自动生成相应的代码，简化数据处理流程并提高效率。

指令编程在不同领域中的部分应用示例如下。

（1）生成数据库查询代码。

> 指令：生成一个数据库查询代码，用于从用户表中检索所有年龄大于或等于 18 岁的用户记录，并按照姓名的字母顺序进行排序。

该示例的生成代码如下，其实现基于 SQL 语言。

```
sql
SELECT *
FROM users
WHERE age >= 18
ORDER BY name ASC;
```

上述代码假设存在一个名为 users 的用户表，包含 name(姓名)和 age(年龄)两列。代码使用 SELECT 语句选择所有列(*)并从 users 表中筛选出年龄大于或等于 18 的记录，然后使用 ORDER BY 子句按照姓名(name)的字母顺序进行升序排序(ASC)。

注意：需要根据实际数据库和表结构进行适当的调整，以确保查询语句与数据库系统兼容。

根据以上指令，ChatGPT 模型生成了相应的数据库查询代码，使用适当的查询语言(如 SQL)编写查询语句，包括筛选条件和排序规则等。生成的代码可以直接用于数据库操作，以此提高查询效率和准确性。

(2) 生成图像处理算法代码。

指令：生成一个图像处理算法代码，用于将一张彩色图像转换为灰度图像。

该示例的生成代码如下，其中使用 Python 和 OpenCV 库进行图像处理操作。

```
import cv2
#读取彩色图像
image = cv2.imread('input_image.jpg')
#将彩色图像转换为灰度图像
gray_image = cv2.cvtColor(image, cv2.COLOR_BGR2GRAY)
#显示灰度图像
cv2.imshow('Gray Image', gray_image)
cv2.waitKey(0)
cv2.destroyAllWindows()
```

在上述代码中，首先使用 cv2.imread()函数读取输入的彩色图像。然后，使用 cv2.cvtColor()函数将彩色图像转换为灰度图像，使用 cv2.COLOR_BGR2GRAY 参数指定颜色转换的类型。最后，使用 cv2.imshow()函数显示转换后的灰度图像，并通过 cv2.waitKey()函数等待用户按下任意键关闭图像窗口。

注意：需要确保安装了 OpenCV 库，将输入图像的路径正确指定为'input_image.jpg'，并根据实际情况进行调整。

根据以上指令，ChatGPT 模型生成了相应的图像处理算法代码，包括读取图像、将彩色图像转换为灰度图像的算法实现，以及保存处理后的图像。生成的代码可以用于图像处理应用，简化开发过程并提高图像处理的效率。

(3) 生成网络爬虫代码。

指令：生成一个网络爬虫代码，用于从指定网站上抓取最新的新闻标题和链接。

该示例的生成代码如下，其中使用 Python 和 BeautifulSoup 库进行网页解析和数据提取。

```
import requests
from bs4 import BeautifulSoup
#指定目标网站的 URL
url = 'https://www.example.com/news'
#发送 HTTP GET 请求并获取网页内容
response = requests.get(url)
html_content = response.text
#使用 BeautifulSoup 解析网页内容
soup = BeautifulSoup(html_content, 'html.parser')
```

```
#查找新闻标题和链接
news_titles = soup.find_all('h2', class_ = 'news-title')
news_links = soup.find_all('a', class_ = 'news-link')
#打印最新新闻的标题和链接
for title, link in zip(news_titles, news_links):
    print('标题:', title.text)
    print('链接:', link['href'])
    print('---')
```

在上述代码中，首先通过 requests.get()函数发送 HTTP GET 请求，并使用 response.text 获取网页内容。然后，使用 BeautifulSoup 库的 BeautifulSoup 类将网页内容进行解析，并通过指定标签名和类名的方式查找新闻标题和链接。最后，通过遍历新闻标题和链接，并使用.text 和['href']获取对应的文本和链接信息，将最新新闻的标题和链接打印出来。

注意：需要将 url 变量替换为实际目标网站的 URL，并根据实际网页的结构和类名进行调整。

根据以上指令，ChatGPT 模型生成了相应的网络爬虫代码，包括请求网页、解析网页内容，提取新闻标题和链接等。生成的代码可以自动抓取最新的新闻信息，用于新闻聚合、数据分析等应用。

这些示例展示了指令编程在代码生成中的应用，通过准确描述功能需求和交互行为，开发者可以利用 ChatGPT 模型生成符合要求的代码，减少手动编写代码的工作量，提高开发效率。当然，对于复杂的软件开发任务，指令编程目前只能作为辅助工具，手动编写代码仍然是必要的。

2. 指令编程在自动化测试中的应用案例

在自动化测试中，指令编程可以大大提高测试效率和质量。通过准确描述测试需求和预期结果，模型可以自动生成相应的测试代码，包括测试脚本、断言语句和测试数据的生成。

下面通过一个具体的案例来详细说明指令编程在自动化测试中的应用。开发者可以提供以下指令。

> 指令：生成一个自动化测试脚本，测试登录功能。测试用例包括输入正确的用户名和密码，预期结果是成功登录，并验证登录后显示正确的用户信息。

以下是一个示例的自动化测试脚本，用于测试登录功能。该示例使用 Python 和 Selenium 库进行浏览器自动化操作。

```
from selenium import webdriver
from selenium.webdriver.common.keys import Keys
import time
#创建 WebDriver 对象
driver = webdriver.Chrome()
#打开登录页面
driver.get('https://www.example.com/login')
#输入用户名和密码
username_input = driver.find_element_by_id('username')
password_input = driver.find_element_by_id('password')
username_input.send_keys('your_username')
password_input.send_keys('your_password')
#提交登录表单
password_input.send_keys(Keys.ENTER)
```

```
#等待页面加载
time.sleep(2)
#验证登录成功
user_info = driver.find_element_by_id('user-info').text
if user_info == 'Welcome, your_username!':
    print('登录成功,用户信息验证通过')
else:
    print('登录失败,用户信息验证失败')
#关闭浏览器
driver.quit()
```

在上述代码中,首先创建了一个 webdriver.Chrome()对象,指定使用 Chrome 浏览器进行测试。然后,使用 driver.get()方法打开登录页面的 URL,使用 find_element_by_id()方法找到用户名和密码的输入框,并使用 send_keys()方法输入相应的用户名和密码。接着,使用 send_keys(Keys.ENTER)方法模拟按下回车键提交登录表单,等待页面加载完成后,使用 find_element_by_id()方法找到显示用户信息的元素,并通过.text 属性获取元素的文本内容。最后,将获取到的用户信息与预期的信息进行对比,输出相应的测试结果。

注意:需要将'https://www.example.com/login'替换为实际登录页面的 URL,并将'your_username'和'your_password'替换为实际的用户名和密码。同时,根据实际的网页结构和元素定位方式,调整代码中的元素查找方法和相应的元素 ID。

通过以上指令,ChatGPT 模型生成了相应的测试脚本代码,包括输入用户名和密码、单击登录按钮、验证登录成功和检查显示的用户信息等。生成的代码可以自动执行这些测试用例,并根据预期结果进行断言,判断测试是否通过。

指令编程在自动化测试中的应用案例,不仅限于登录功能,还可以涉及其他功能模块和测试场景。例如,可以生成测试脚本来测试注册功能、购物车功能、数据验证和表单提交等。通过指令编程,开发者可以快速生成多个测试用例的代码,涵盖各种边界条件和异常情况,提高测试覆盖率和准确性。

另一个应用案例是生成测试数据。在自动化测试过程中,需要使用各种测试数据来模拟不同的场景和条件。指令编程可以根据描述的数据需求自动生成测试数据的生成代码,如生成随机数、日期、字符串或特定格式的数据等。这样,测试人员就可以轻松生成所需的测试数据,而无须手动创建或准备大量的测试数据。

通过描述测试需求和预期结果,利用 ChatGPT 模型的自然语言处理和生成能力,开发者可以自动生成测试脚本、断言语句和测试数据的生成代码,从而实现自动化测试的快速执行和全面覆盖。在自动化测试中应用指令编程,可以大大减少手动编写测试代码和准备测试数据的工作量,提高软件质量和开发效率。

1.3.3 其他领域的指令编程应用案例

除了情感分析、软件开发和自动化测试等领域外,指令编程还可以应用于其他领域,如数据处理、图像处理、机器学习模型训练等。通过描述数据处理操作、图像处理需求或机器学习模型架构,模型可以自动生成相应的代码和算法。

1. 数据处理

指令编程可以用于数据处理,如数据清洗、转换、合并和筛选等。通过描述数据处理需求和操作步骤，模型可以生成相应的代码，以加速数据处理过程。

示例指令：生成一个数据处理脚本，将 CSV 文件中的重复记录去除，并根据指定条件对数据进行筛选和排序。

以下是一个示例的数据处理脚本，用于处理 CSV 文件并进行数据去重、筛选和排序操作。该示例使用 Python 的 Pandas 库进行数据处理。

```
import pandas as pd
#读取 CSV 文件
data = pd.read_csv('input.csv')
#去除重复记录
data = data.drop_duplicates()
#根据指定条件进行筛选
filtered_data = data[data['条件列名'] > 指定值]
#根据指定列进行排序
sorted_data = filtered_data.sort_values(by = '排序列名')
#保存处理后的数据到新的 CSV 文件
sorted_data.to_csv('output.csv', index = False)
```

在上述代码中，首先使用 pd.read_csv()方法读取名为 input.csv 的 CSV 文件，并将数据存储在 DataFrame 对象中。然后，使用 drop_duplicates()方法去除重复记录，保留唯一的记录。接着，根据指定的条件对数据进行筛选和排序，使用 data['条件列名'] > 指定值表示满足条件的记录，将筛选后的数据存储在 filtered_data 中；使用 sort_values()方法根据指定的列进行排序，将排序后的数据存储在 sorted_data 中。最后，使用 to_csv()方法将处理后的数据保存到名为 output.csv 的新 CSV 文件中，其中 index＝False 表示不保存索引列。

注意：需要根据实际情况替换代码中的文件名、条件列名、指定值和排序列名，并调整筛选、排序的条件和方式。

通过以上指令，ChatGPT 模型生成了相应的数据处理代码，包括读取 CSV 文件、去除重复记录、筛选数据和排序数据的步骤。生成的代码可以应用于各种数据处理任务，提高数据处理的效率和准确性。

2. 图像处理

指令编程可以用于图像处理，如图像增强、特征提取和目标检测等。通过描述图像处理需求和算法步骤，模型可以生成相应的代码，以实现图像的改进和分析。

示例指令：生成一个图像增强的函数，将输入图像的对比度增强，并应用直方图均衡化算法。

以下是一个示例的图像增强函数，使用 Python 的 OpenCV 库来实现对比度增强和直方图均衡化算法。

```
import cv2
def enhance_image(image):
    #将图像转换为灰度图像
    gray = cv2.cvtColor(image, cv2.COLOR_BGR2GRAY)
    #对比度增强
    enhanced = cv2.equalizeHist(gray)
    #将增强后的灰度图像转换为彩色图像
    enhanced_image = cv2.cvtColor(enhanced, cv2.COLOR_GRAY2BGR)
    return enhanced_image
```

在上述代码中，首先，使用 enhance_image 函数接收一个输入图像作为参数，并返回经过对比度增强和直方图均衡化处理后的图像。然后，使用 cv2.cvtColor 函数将输入图像转换为灰度图像，以便对其应用直方图均衡化算法。接着，使用 cv2.equalizeHist 函数对灰度图像进行直方图均衡化处理，以增强对比度。最后，使用 cv2.cvtColor 函数将增强后的灰度图像转换为彩色图像。

注意：上述代码所用只是一个简单的示例函数，具体的图像增强方法可能因应用需求而有所不同。可以根据实际需求对代码进行修改和扩展，以满足特定的图像增强需求。

通过以上指令，ChatGPT 模型生成了相应的图像处理代码，包括读取图像、对比度增强和直方图均衡化的算法实现。生成的代码可以应用于各种图像处理任务，提高图像质量和分析效果。

3. 机器学习模型训练

指令编程可以用于机器学习模型训练。通过描述数据集、模型架构和训练参数，模型可以生成相应的代码，以加速机器学习模型的开发和训练过程。

示例指令：生成一个用于图像分类的卷积神经网络模型的训练代码，应包括网络结构、损失函数和优化器的定义，并使用给定的数据集进行训练。

以下是一个示例的卷积神经网络模型训练代码，使用 Python 的深度学习框架 TensorFlow 来定义和训练模型。

```
import tensorflow as tf
from tensorflow.keras import layers, models
#定义卷积神经网络模型
def create_model():
    model = models.Sequential()
    model.add(layers.Conv2D(32, (3, 3), activation='relu', input_shape=(32, 32, 3)))
    model.add(layers.MaxPooling2D((2, 2)))
    model.add(layers.Conv2D(64, (3, 3), activation='relu'))
    model.add(layers.MaxPooling2D((2, 2)))
    model.add(layers.Conv2D(64, (3, 3), activation='relu'))
    model.add(layers.Flatten())
    model.add(layers.Dense(64, activation='relu'))
    model.add(layers.Dense(10))
    return model
#加载数据集
(train_images, train_labels), (test_images, test_labels) = tf.keras.datasets.cifar10.load_
data()
train_images, test_images = train_images / 255.0, test_images / 255.0
#创建模型
model = create_model()
#定义损失函数和优化器
loss_fn = tf.keras.losses.SparseCategoricalCrossentropy(from_logits=True)
optimizer = tf.keras.optimizers.Adam()
#编译模型
model.compile(optimizer=optimizer, loss=loss_fn, metrics=['accuracy'])
#训练模型
model.fit(train_images, train_labels, epochs = 10, validation_data = (test_images, test_
labels))
```

在上述代码中，首先，使用 create_model 函数定义了一个卷积神经网络模型，该模型包含了多个卷积层、池化层和全连接层。然后，使用 tf. keras. datasets. cifar10. load_data 加载了 CIFAR-10 数据集，并将图像数据归一化。接着，通过调用 model. compile 函数编译了模型，通过调用交叉熵损失函数和 Adam 优化器指定了损失函数和优化器。最后，通过调用 model. fit 函数进行模型训练，并指定了训练数据集、训练的轮数（epochs）和验证数据集。在训练过程中，模型将根据损失函数和优化器进行参数更新，并输出训练过程中的损失和准确率等指标。

注意：上述代码只是一个简单的示例代码，具体的模型训练过程可能因应用需求和数据集的特点而有所不同。可以根据实际需求对代码进行修改和扩展，以满足特定的图像分类任务。

通过以上指令，ChatGPT 模型可以生成相应的机器学习模型训练代码，包括定义卷积神经网络结构、损失函数和优化器，以及使用给定数据集进行训练的步骤。生成的代码可以应用于各种图像分类任务，加速模型训练和性能优化。

指令编程在数据处理、图像处理、机器学习模型训练等领域都具有广泛的应用潜力。通过描述任务需求和操作步骤，指令编程可以为开发者生成适用于不同领域的代码和算法，从而简化开发流程、提高开发效率和降低学习成本。

4. 自然语言处理

指令编程可以用于自然语言处理（Natural Language Processing，NLP）。通过描述文本处理需求、文本分类、命名实体识别和关键词提取等，模型可以生成相应的 NLP 算法和处理代码。

示例指令：生成一个用于中文文本分类的文本处理和特征提取代码，且要求根据给定的训练数据集对文本进行分类。

下面是一个示例的中文文本分类的文本处理和特征提取代码，使用 Python 的机器学习库 scikit-learn 进行实现。

```
import jieba
from sklearn. feature_extraction. text import TfidfVectorizer
from sklearn. svm import SVC
#加载训练数据集
train_texts = [
    '这是一篇关于科技的文章',
    '这个手机真好用',
    '这个电影真精彩',
    '这个产品有点失望',
]
train_labels = [1, 1, 1, 0]                #1 代表正向,0 代表负向
#分词
train_texts = [''.join(jieba.cut(text)) for text in train_texts]
#特征提取
vectorizer = TfidfVectorizer()
train_features = vectorizer.fit_transform(train_texts)
#定义模型
model = SVC()
#模型训练
model.fit(train_features, train_labels)
#预测新样本
```

```
test_text = '这个手机性能不错'
test_text = ''.join(jieba.cut(test_text))
test_feature = vectorizer.transform([test_text])
predicted_label = model.predict(test_feature)
#打印预测结果
if predicted_label[0] == 1:
    print('正向')
else:
    print('负向')
```

在上述代码中,首先,定义了训练数据集的文本和标签,使用 jieba 库对文本进行分词,将每个文本分词后的结果用空格进行连接。然后,使用 TfidfVectorizer 进行特征提取,将文本转换为 TF-IDF 特征表示。TF-IDF(Term Frequency-Inverse Document Frequency)是一种常用的文本特征表示方法,用于衡量一个词在文本中的重要性。接着,定义了一个支持向量机(SVM)分类器作为模型,使用模型的 fit 方法对训练数据进行训练。最后,使用训练好的模型对新的文本样本进行预测,将新样本进行分词并转换为 TF-IDF 特征表示,使用模型的 predict 方法进行预测,并输出预测结果。

注意:上述代码只是一个简单的示例代码,具体的文本分类任务可能需要更复杂的特征提取方法和模型选择。可以根据实际需求对代码进行修改和扩展,以适应特定的中文文本分类任务。

通过以上指令,ChatGPT 模型可以生成相应的 NLP 代码,包括文本处理、特征提取和分类算法的实现。生成的代码可以用于中文文本分类任务,提高分类准确性和效率。

5. 物联网应用

指令编程可以用于物联网应用,如传感器数据采集、设备控制和数据分析等。通过描述设备和传感器的功能需求、数据处理和网络通信,模型可以生成相应的物联网应用代码。

> 示例指令:生成一个用于温度监测的物联网应用代码,应能够采集传感器数据、发送数据到云端并进行温度分析。

下面是一个用于温度监测的物联网应用示例代码,使用 Python 和 MQTT 协议进行传感器数据的采集、云端发送和温度分析。

```
import time
import random
import paho.mqtt.client as mqtt
#MQTT Broker 信息
mqtt_broker = "mqtt.example.com"
mqtt_port = 1883
mqtt_username = "your_username"
mqtt_password = "your_password"
#温度传感器数据采集和发送
def collect_and_send_temperature():
    #模拟传感器数据采集
    temperature = random.uniform(20, 30)
    #创建 MQTT 客户端
    client = mqtt.Client()
    client.username_pw_set(mqtt_username, mqtt_password)
    client.connect(mqtt_broker, mqtt_port)
    #发布温度数据
```

```
        topic = "temperature"
        payload = str(temperature)
        client.publish(topic, payload)
        #断开 MQTT 连接
        client.disconnect()
        print("Temperature sent:", temperature)
    #温度数据分析
    def analyze_temperature(temperature):
        if temperature > 25:
            print("Temperature is too high!")
        else:
            print("Temperature is within the normal range.")
    #主程序
    def main():
        while True:
            collect_and_send_temperature()
            time.sleep(5)       #每5s采集一次温度数据
            #模拟从云端接收温度数据
            temperature = random.uniform(20, 30)
            analyze_temperature(temperature)
    if __name__ == "__main__":
        main()
```

对上述代码进行分析如下。

(1) 定义 MQTT Broker 的相关信息,包括主机名、端口、用户名和密码。需要将这些信息替换为实际的 MQTT Broker 的信息。

(2) 定义一个 collect_and_send_temperature 函数,用于模拟传感器数据的采集和发送。使用 random 模块生成一个随机的温度值,并使用 MQTT 客户端将温度数据发布到指定的主题。

(3) 定义一个 analyze_temperature 函数,用于对温度数据进行分析。在分析过程中,如果温度超过 25℃,则输出"Temperature is too high!";否则,输出"Temperature is within the normal range."。可以根据实际需求修改和扩展这个函数,以进行更复杂的温度分析。

(4) 在主程序中,使用一个无限循环来模拟实时温度监测。在该循环中,调用 collect_and_send_temperature 函数模拟传感器数据的采集和发送,并使用 random 模块生成一个随机的温度值模拟从云端接收温度数据。然后,调用 analyze_temperature 函数对温度数据进行分析。

注意:上述代码只是一个简单的示例代码,实际的物联网应用可能涉及更复杂的传感器数据处理和云端数据分析。可以根据实际需求对代码进行修改和扩展,以适应特定的温度监测应用场景。

通过以上指令,ChatGPT 模型可以生成相应的物联网应用代码,包括传感器数据采集、数据上传和温度分析的实现。生成的代码可以应用于温度监测和分析任务,实现智能化的物联网应用。

6. 金融领域

指令编程可以用于金融领域,如投资组合优化、风险管理和交易策略等。通过描述金融需求、数据处理和算法实现,模型可以生成相应的金融应用代码。

示例指令：生成一个用于投资组合优化的代码，且要求根据给定的资产和风险偏好，生成最优的投资组合配置。

下面是一个简单的投资组合优化代码示例，使用 Python 的 Pandas 库进行资产数据的处理和优化。

```
import pandas as pd
import numpy as np
import scipy.optimize as sco
#资产数据
assets = ['股票 A', '股票 B', '股票 C', '股票 D']
returns = pd.DataFrame({
    '股票 A': [0.10, 0.12, 0.08, 0.15],
    '股票 B': [0.08, 0.10, 0.09, 0.11],
    '股票 C': [0.06, 0.09, 0.12, 0.07],
    '股票 D': [0.12, 0.11, 0.10, 0.09]
}, index = ['2019', '2020', '2021', '2022'])
#计算资产收益率的均值和协方差矩阵
mean_returns = returns.mean()
cov_matrix = returns.cov()
#定义投资组合优化目标函数
def portfolio_return(weights):
    return np.dot(weights, mean_returns)
def portfolio_volatility(weights):
    return np.sqrt(np.dot(weights.T, np.dot(cov_matrix, weights)))
#定义约束条件
constraints = ({'type': 'eq', 'fun': lambda x: np.sum(x) - 1})     #权重之和为 1
bounds = tuple((0, 1) for _ in range(len(assets)))                 #权重取值范围为[0, 1]
#初始化权重
initial_weights = len(assets) * [1 / len(assets)]
#进行投资组合优化
optimal_weights = sco.minimize(portfolio_volatility, initial_weights, method = 'SLSQP',
bounds = bounds, constraints = constraints)
optimal_weights = optimal_weights['x']
#输出最优的投资组合配置
for i in range(len(assets)):
    print(assets[i] + ': ' + str(round(optimal_weights[i] * 100, 2)) + '%')
```

对上述代码进行分析如下。

（1）定义资产数据，其中包括不同股票的历史收益率。

（2）通过计算资产收益率的均值和协方差矩阵，构建投资组合优化的目标函数和约束条件。

目标函数 portfolio_return 用于计算投资组合的预期收益率，约束条件 portfolio_volatility 用于计算投资组合的预期波动率。在该示例中，优化目标是最小化投资组合的波动率，以达到风险最小化的目标。

定义约束条件时，使用 eq 表示约束条件为等式，其中 np.sum(x)−1 表示权重之和为 1。

（3）使用 scipy.optimize.minimize 函数进行投资组合优化。指定优化方法为 SLSQP，并传入初始权重、约束条件和权重取值范围等参数。

（4）输出最优的投资组合配置，以每个资产的名称和对应的权重表示。通过循环遍历每个资产,打印出其名称和在最优配置中的权重实现。

注意:上述代码只是一个简单的示例代码,实际的投资组合优化可能需要考虑更多的因素和约束条件。在实际应用中,可能需要根据具体的投资目标和约束进行适当的修改和扩展。

通过以上指令,ChatGPT模型生成了相应的金融应用代码,包括资产数据处理、优化算法和投资组合配置的实现。生成的代码可以应用于投资组合优化和风险管理,帮助投资者做出更明智的投资决策。

7. 资源调度和优化

指令编程可以用于资源调度和优化。通过描述资源和约束条件,模型可以生成相应的资源调度算法和优化策略的代码。

> 示例指令:生成一个用于优化生产计划的代码。模型应根据给定的生产任务和资源限制,生成最优的资源调度方案。

优化生产计划是一个复杂的问题,通常需要结合具体的生产环境和约束条件来进行建模和求解。下面是一个简化的示例代码,用于演示如何使用线性规划来优化生产计划。

```
import numpy as np
from scipy.optimize import linprog
def optimize_production_plan(demand, resources):
    #提取需求和资源的维度
    num_products, num_resources = demand.shape
    #构建线性规划模型
    c = np.zeros(num_resources)                 #目标函数系数,最小化资源使用
    A_ub = -resources                           #不等式约束矩阵,限制资源使用不能超过资源限制
    b_ub = -demand.flatten()                    #不等式约束向量,限制生产需求必须满足
    bounds = [(0, None) for _ in range(num_resources)]          #变量范围,资源使用非负
    method = 'highs'                            #选择线性规划求解器
    #调用线性规划求解器求解最优资源分配
    result = linprog(c, A_ub=A_ub, b_ub=b_ub, bounds=bounds, method=method)
    #输出最优资源分配方案
    if result.success:
        production_plan = result.x.reshape(num_products, num_resources)
        print("最优资源分配方案:")
        print(production_plan)
    else:
        print("无法找到最优资源分配方案。")
#示例数据
demand = np.array([[100, 150, 200], [120, 130, 140]])
resources = np.array([[80, 100, 120], [70, 90, 110], [60, 80, 100]])
#优化生产计划
optimize_production_plan(demand, resources)
```

对上述代码进行分析如下。

(1) 定义一个optimize_production_plan函数,用于优化生产计划。函数接受两个输入参数:demand表示生产任务的需求矩阵,resources表示资源限制的矩阵。其中,需求矩阵的行数表示产品数量,列数表示资源种类;资源矩阵的行数表示资源种类,列数表示资源数量。

(2) 在函数内部,通过将问题转化为线性规划模型,使用linprog函数调用线性规划求

解器进行求解。目标函数是最小化资源使用,约束条件包括资源使用不能超过资源限制和生产需求必须满足。

(3) 根据求解结果输出最优的资源分配方案。如果成功找到最优解,则输出最优资源分配矩阵;否则,输出“无法找到最优资源分配方案”的提示。

注意:上述代码仅提供了一个简化的示例,实际的生产计划优化问题可能涉及更多约束条件和复杂性,需要根据具体情况进行建模和求解。此外,选择确定适合特定生产计划问题的优化算法也是非常重要的。除了线性规划外,还有其他的优化算法可以用于生产计划问题,如整数规划、动态规划、遗传算法等。具体选择哪种算法取决于问题的性质和约束条件的复杂性。

通过以上指令,ChatGPT 模型生成了相应的资源调度和优化的代码,包括任务分配、资源分配和约束优化的算法实现。生成的代码可以应用于生产计划优化,帮助实现资源的高效利用和任务的合理分配。

8. 自动化报告生成

指令编程可以用于自动化报告生成。通过描述报告的结构、数据来源和展示要求,模型可以生成相应的报告生成代码,从而节省时间和人力资源。

示例指令:生成一个用于生成销售报告的代码。报告应包括销售数据的可视化图表和统计指标,并根据给定的时间范围进行筛选。

要生成销售报告的代码,可以使用 Python 中的数据处理和可视化库,如 Pandas 库和 Matplotlib 库。下面是一个示例代码,用于生成销售报告。

```
import pandas as pd
import matplotlib.pyplot as plt
#读取销售数据
sales_data = pd.read_csv('sales_data.csv')
#将日期列转换为日期时间类型
sales_data['Date'] = pd.to_datetime(sales_data['Date'])
#根据给定的时间范围进行筛选
start_date = '2022-01-01'
end_date = '2022-12-31'
filtered_data = sales_data[(sales_data['Date'] >= start_date) & (sales_data['Date'] <= end_
date)]
#计算统计指标
total_sales = filtered_data['Sales'].sum()
average_sales = filtered_data['Sales'].mean()
max_sales = filtered_data['Sales'].max()
min_sales = filtered_data['Sales'].min()
#生成按月份的销售额折线图
monthly_sales = filtered_data.resample('M', on='Date')['Sales'].sum()
plt.plot(monthly_sales.index, monthly_sales.values)
plt.xlabel('Month')
plt.ylabel('Sales')
plt.title('Monthly Sales Report')
plt.show()
#输出统计指标
print('Total Sales:', total_sales)
print('Average Sales:', average_sales)
print('Maximum Sales:', max_sales)
```

```
print('Minimum Sales:', min_sales)
```

在上述代码中，假设销售数据存储在名为 sales_data.csv 的 CSV 文件中。首先，使用 pd.read_csv 函数读取销售数据，并将日期列转换为日期时间类型。然后，根据给定的时间范围使用布尔索引筛选数据，并使用 Pandas 库的统计函数计算总销售额、平均销售额、最高销售额和最低销售额。接着，使用 Matplotlib 库绘制按月份的销售额折线图，并显示在屏幕上。最后，输出统计指标的值。

注意：上述代码只是一个简单的示例代码，实际的销售报告生成需要根据具体的数据和需求进行修改和扩展。

通过以上指令，ChatGPT 模型生成了相应的报告生成代码，包括读取数据、生成图表和计算统计指标的代码逻辑。生成的代码可以应用于销售报告的自动生成，提高报告的效率和准确性。

9. 自动化文档生成

指令编程可以用于自动化文档生成。通过描述文档的结构、内容和格式要求，模型可以生成相应的文档生成代码，从而减少手动编写文档的工作量。

示例指令：生成一个用于生成用户手册的代码。用户手册应包括产品功能介绍、使用说明和常见问题解答等内容。

生成用户手册的代码需要结合具体的文本编辑和格式化工具。下面是一个示例代码框架，用于生成用户手册的基本结构。

```
def generate_user_manual():
    #创建用户手册
    user_manual = open('user_manual.txt', 'w')
    #添加产品功能介绍
    user_manual.write('产品功能介绍\n')
    user_manual.write('-----------------\n')
    user_manual.write('这里添加产品功能介绍的内容.\n\n')
    #添加使用说明
    user_manual.write('使用说明\n')
    user_manual.write('-----------------\n')
    user_manual.write('这里添加使用说明的内容.\n\n')
    #添加常见问题解答
    user_manual.write('常见问题解答\n')
    user_manual.write('-----------------\n')
    user_manual.write('这里添加常见问题解答的内容.\n\n')
    #关闭用户手册
    user_manual.close()
#生成用户手册
generate_user_manual()
```

在上述代码中，首先，定义了一个 generate_user_manual 函数，用于生成用户手册。然后，在函数中创建了一个文本文件（如 user_manual.txt）作为用户手册的输出。接着，使用 write 方法向文本文件中逐步添加产品功能介绍、使用说明和常见问题解答的内容，每个部分的标题和内容可以根据实际情况进行修改和扩展。最后，关闭用户手册文件。

注意：上述代码仅提供了一个基本的框架，实际生成用户手册需要根据具体的内容和格式要求进行修改和扩展。如果需要更复杂的排版和格式化，可以考虑使用专业的文档编辑工具或标记语言(如 Markdown)来生成用户手册。

通过以上指令,ChatGPT 模型生成了相应的文档生成代码,包括文档结构的定义、内容的填充和格式的设置。生成的代码可以应用于用户手册的自动生成,提高文档编写的效率和一致性。

指令编程的应用案例不仅限于上述领域,还可以根据具体需求扩展到其他领域。通过描述任务需求和操作步骤,模型可以自动生成相应的代码和算法,帮助开发者提高工作效率、降低错误率,并简化复杂任务的开发过程。

值得注意的是,尽管指令编程可以自动生成部分代码和算法,但在实际应用中仍然需要开发者的理解和调试。生成的代码可能需要进一步优化和调整,以适应具体的业务场景和需求。此外,模型生成的代码可能受限于训练数据和模型的能力,因此在使用生成的代码时需要进行验证和测试,以确保其正确性和可靠性。

1.4 指令编程的发展历程

指令编程的发展历程是指该技术从早期探索与研究到现在实际应用与案例分析的演进过程。在早期,研究人员开始探索如何通过与计算机进行自然语言交互来生成代码,但由于技术和数据的限制,这一领域的发展相对缓慢。然而,随着人工智能的快速发展和大型语言模型(如 ChatGPT)的出现,指令编程迎来了一个新的机遇,它可以借助这些强大的模型和算法实现更高效、更智能的指令生成和执行。这一新兴领域的发展引起了广泛关注,并在各个应用领域展示了其潜力和优势。实际应用与案例分析的研究不断增加,包括文本分类、情感分析、代码生成、自动化测试等领域的案例。通过这些案例的分析和实践,指令编程正逐渐成为一种创新的编程范式,为开发人员提供更加便捷、高效的编程方式。

1.4.1 早期探索与研究

在早期的探索与研究阶段,研究人员主要关注如何将预训练的语言模型应用于生成任务,并探索指令编程的概念和方法。他们致力于开发能够理解开发者指令并生成相应代码或回答的模型。

一方面,研究人员探索如何将自然语言指令转化为机器可执行的代码。他们研究了指令的语义表示和语法结构,以便模型能够准确地理解开发者的需求并生成合适的代码。他们设计了不同的模型架构和算法,如基于递归神经网络(Recursive Neural Network,RNN)或变换器(Transformer)的模型,以实现指令到代码的转换。

另一方面,研究人员也探索了如何让模型生成高质量的代码或回答。他们研究了生成算法和技术,以提高模型生成的代码的准确性和可读性。他们利用预训练的语言模型,结合领域特定的知识和规则,进行代码的自动生成。同时,他们还关注了模型生成的代码的可扩展性和灵活性,使其能够适应不同的应用场景和需求。

以下是一些早期探索与研究的示例。

(1) 利用语义解析:研究人员通过设计语义解析算法,将开发者的指令转化为机器可执行的表示。例如,将自然语言指令解析成抽象语法树(Abstract Syntax Tree,AST),从而生成相应的代码结构。

(2) 引入领域知识：为了提高生成代码的质量和准确性，研究人员引入了领域特定的知识和规则。例如，在开发图像分类模型的代码时，模型可以利用图像处理领域的知识，自动生成适合于图像特征提取和分类的代码结构。

(3) 结合自动化规则和学习：研究人员探索了将自动化规则和机器学习相结合的方法。他们设计了一些规则和模板，用于自动生成代码的骨架或模块，然后利用机器学习模型填充具体的代码细节。

(4) 数据集构建和评估：为了支持指令编程的研究，研究人员构建了各种类型的数据集，包括指令与代码对应的数据集和指令与回答对应的数据集。这些数据集用于模型的训练、评估和性能比较。研究人员使用这些数据集来训练和验证模型的能力，并通过度量生成的代码与期望代码之间的相似度或评估生成回答的准确性来评估模型的性能。

除了上述示例外，还有一些其他的早期探索与研究工作。研究人员尝试了不同的生成任务，如代码注释生成、文档生成、自动代码修复等。他们探索了不同的模型架构和算法，包括序列到序列模型、强化学习方法、生成对抗网络等，以提高生成任务的质量和效果。

在早期的探索与研究阶段，研究人员面临一些挑战和限制。其中一个挑战是生成结果的可控性和解释性。由于生成模型的复杂性，生成的代码或回答可能难以解释和理解。另一个挑战是生成的代码质量和性能的保证。在实际应用中，生成的代码需要满足一定的质量标准和性能要求，因此，研究人员需要进一步探索如何提高生成结果的质量和效率。

尽管存在挑战，但早期的探索与研究工作为指令编程及后续的发展和应用打下了坚实的基础。随着技术的不断进步和研究的逐渐深入，指令编程有望在软件开发和自动化领域发挥越来越重要的作用，并带来更多创新的应用案例。

1.4.2 ChatGPT 的出现与指令编程的崛起

ChatGPT 模型的出现是自然语言处理和生成领域的一个重要里程碑。ChatGPT 模型由大规模的预训练数据和强大的神经网络结构所驱动，具有强大的语言理解和生成能力。这种模型能够理解上下文、推理逻辑、生成连贯的语言表达，并且能够模拟人类对话的方式进行交互。

ChatGPT 模型的出现为指令编程提供了理想的基础。指令编程的核心思想是通过自然语言描述技术需求，并从模型中获取生成的代码、回答或建议。ChatGPT 模型的语言生成能力使其能够理解开发者的指令，并以自然语言的形式生成相应的代码或回答。

这种结合为开发者提供了一种全新的开发方式。开发者无须手动编写大量的代码，而是通过指令编程的方式与 ChatGPT 模型进行交互，从而快速获得所需的代码或解决方案。这极大地简化了开发流程，提高了开发效率。

例如，开发者可以通过指令编程来生成特定任务的代码，如图像分类、情感分析、自动化测试等。他们可以用自然语言描述任务的要求和约束，然后从 ChatGPT 模型中获取生成的代码。开发者不仅节省了编写代码的时间和精力，还能够快速迭代和调试生成的代码。

另外，ChatGPT 模型还可以作为指令编程的交互伙伴，通过对话的方式与开发者进行互动。开发者可以提出问题、寻求建议或获取解决方案，并从模型中获得相应的回答。

值得注意的是，尽管 ChatGPT 模型具有强大的语言理解和生成能力，但在指令编程的应用中仍然存在一些挑战和限制。模型可能会受到语义理解的限制，对于复杂的技术需求可能无法准确理解和生成。此外，生成的代码可能需要进一步优化和调整，以满足实际应用的要求。

ChatGPT 模型的出现为指令编程带来了新的机遇和挑战。随着技术的不断进步和研究的深入，指令编程有望在软件开发和自动化领域发展壮大，并为开发者提供更高效、更智能的开发方式。

1.4.3 实际应用中的案例分析

指令编程已经在许多领域得到验证和应用。下面将介绍一些相关案例，以展示指令编程在不同领域的应用。

(1) 软件开发与自动化：指令编程在软件开发领域具有广泛的应用。开发者可以使用指令编程生成代码片段和模板，以加速开发过程。例如，他们可以描述功能需求和交互行为，让模型自动生成常见的代码结构和算法实现。这样可以减少手动编写代码的工作量，提高开发效率。同时，指令编程也可以用于自动化测试，开发者可以描述测试用例、期望结果和测试环境，让模型生成相应的测试脚本和断言语句，以加快测试过程并提高软件质量。

(2) 数据处理与分析：指令编程在数据处理和分析领域也有广泛的应用。开发者可以使用指令编程来生成数据处理和分析的代码，如数据清洗、特征提取和统计分析等。通过描述数据处理操作和需求，模型可以自动生成相应的代码和算法，简化数据处理流程。这在大数据环境下尤为重要，可以加快数据处理的速度，提高数据分析的效率。

(3) 人工智能模型开发：指令编程在人工智能模型开发中也具有潜力。开发者可以使用指令编程来描述模型架构、训练过程和预测函数等需求，让模型生成相应的代码。这样可以加快模型开发的速度，减少手动编写代码的工作量。同时，指令编程还可以用于优化模型架构和参数选择，通过与模型进行对话，开发者可以获取模型调优的建议和指导，提升模型的性能和准确度。

(4) 自然语言处理与生成：指令编程在自然语言处理和生成领域的应用也非常重要。开发者可以使用指令编程与 ChatGPT 模型进行对话交互，获取自然语言处理和生成的解决方案。例如，在对话生成任务中，开发者可以描述对话场景、对话策略和语言生成规则，让模型生成相应的对话系统代码。这为开发智能对话系统、智能客服和聊天机器人等应用提供了便捷而高效的方法。

(5) 社交媒体监测与舆情分析：指令编程可以应用于社交媒体监测和舆情分析领域。通过描述特定话题、产品或事件的相关要求，开发者可以让模型生成相应的情感分析算法代码。这样可以帮助组织和企业了解用户在社交媒体上对特定话题的情感倾向，对品牌声誉管理和社交媒体营销等方面有很大帮助。

(6) 市场调研与用户反馈：指令编程可以应用于分析市场调研数据和用户反馈。开发者可以描述调研数据和用户反馈的相关要求，让模型自动生成相应的情感分析代码。通过自动生成的代码，可以快速评估市场需求，改进产品设计和增强用户满意度。

(7) 情感导向的推荐系统：指令编程可以用于开发情感导向的推荐系统。通过描述用户的情感偏好和推荐需求，开发者可以让模型生成个性化推荐算法的代码。生成的代码可以根据用户的情感倾向进行推荐，提供更好的用户体验。

(8) 情感分析辅助工具：指令编程可以应用于开发情感分析辅助工具。开发者可以描述分析需求和数据处理操作，让模型自动生成相应的情感分析工具的代码。这对于新闻报道分析和社会科学研究等领域非常有价值。

通过指令编程，开发者可以用自然语言的形式描述需求，让模型自动生成相应的代码和算法，加快开发过程并降低出错的风险。这种交互式的开发方式使得开发者可以更加灵活地与模型进行对话，并根据模型的生成结果进行定制和扩展，实现更具创造性和个性化的解决方案。

需要注意的是，指令编程在实际应用中仍处于探索和发展阶段，尚需进一步的研究和实践来提高模型的生成能力和代码质量。但它已经展现了巨大的潜力，并为软件开发和自动化领域带来了新的可能性。

1.5　指令编程的挑战与前景展望

指令编程在应用程序开发中具有巨大的潜力，但也面临着一些挑战和限制。其中，指令编程的局限性和挑战需要克服，如指令表达的限制、语义理解的准确性和对领域知识的需求等。随着技术的不断改进和未来发展方向的探索，指令编程有望迎来更广阔的前景。技术改进可以提高指令编程系统的理解能力和生成能力，使其更加智能和灵活。同时，指令编程对应用程序开发产生了积极的影响，为开发人员提供了更高效、便捷和创新的开发方式。因此，指令编程在应用程序开发领域的整体前景展望是乐观的，并有望在未来发挥更重要的作用。

1.5.1　指令编程的局限性与挑战

指令编程仍面临一些挑战，如指令表达的准确性、生成结果的可靠性和生成代码的可读性。

(1) 准确性问题：指令编程的准确性是指令编程的关键挑战之一。在描述需求和要求时，开发者需要以准确、清晰的方式表达，以确保模型能够正确理解和生成相应的代码。如果指令表达不明确或存在歧义，可能会导致生成的代码不符合预期或不完整。因此，提高指令编程的准确性需要进一步研究和改进模型的理解和生成能力。

(2) 可靠性问题：生成结果的可靠性是指令编程的另一个挑战。尽管模型在训练数据上可能表现良好，但在实际应用中仍可能出现错误或生成不可预测的代码。这可能是由于模型对于特定领域或任务的理解不足，或者受到训练数据的偏差影响。因此，提高生成结果的可靠性需要更多的研究和改进模型的鲁棒性和泛化能力。

(3) 可读性问题：生成代码的可读性是指令编程的重要考虑因素之一。生成的代码应具有良好的结构和可读性，以便开发者能够理解、修改和维护。然而，由于模型生成的代码往往是自动生成的，可能存在冗长、重复或难以理解的部分，因此，提高生成代码的可读性需要进一步研究和改进代码生成算法和规则。

解决这些问题需要进一步的研究和技术改进，可用的方法如下。

(1) 数据和模型的改进：通过使用更准确、多样和代表性的训练数据，以及改进模型的架构和算法，可以提高指令编程模型的准确性和可靠性。这可能涉及更复杂的预训练方法、迁移学习和领域适应等技术。

(2) 上下文理解和推理：进一步研究模型对上下文的理解和推理能力，使其能够更好地理解开发者的指令，并生成与上下文一致的代码。这可以包括对领域知识、对话历史和程序语言约束的建模。

(3) 可控性和定制化：提供更多的可控性和定制化选项，使开发者能够指导生成过程并根据需求进行定制。这可以包括指定代码风格、优化目标和规则，以及提供反馈和修正生成结果的机制。

(4) 人机协作与交互：进一步研究人机协作与交互的方式，使开发者能够与模型进行有效的互动和迭代。这包括在生成过程中提供实时反馈、让开发者参与生成决策和调整生成结果的能力。通过与模型进行有效的人机协作，可以改善指令编程的准确性、可靠性和可读性。

(5) 领域特定的指令编程：针对特定领域或任务，进行领域特定的指令编程研究。这可以通过收集领域专家的指令样本，建立领域特定的语言模型和规则，并进行领域自适应的训练来实现。领域特定的指令编程可以提高模型对特定领域语义和约束的理解，从而生成更准确和可靠的代码。

(6) 评估和度量指标：开发更全面、准确、可靠的评估和度量指标，以衡量生成代码的质量和可用性。这涉及代码风格一致性、功能正确性、执行效率、可维护性等方面的度量。通过建立评估标准，可以更好地了解指令编程模型的优劣，并为进一步的改进提供指导。

(7) 社区和合作研究：指令编程是一个涉及多学科和多领域的研究方向。积极促进学术界、产业界和开源社区之间的合作和知识共享，可以加速指令编程的发展和应用。通过共享数据集、模型、算法和实践经验，可以形成一个持续创新和进步的社区生态系统。

总体而言，解决指令编程的局限性和挑战需要综合运用数据、模型、算法和人机交互等多方面的技术和方法。随着指令编程的不断发展和改进，它有望在软件开发和自动化领域发挥越来越重要的作用，并为开发者提供更高效、智能化的编程工具和方法。

1.5.2 技术改进与未来发展方向

指令编程在未来比较明确的发展方向包括提升模型的生成能力和语义理解能力，改进指令的表达和理解，以及提供更好的代码生成和优化能力。

1) 提升模型的生成能力和语义理解能力

(1) 更大规模的预训练模型：随着硬件和计算能力的提升，可以训练更大规模的语言模型，提高模型的生成能力和表达能力。例如，GPT-4 模型已经取得了显著的成果，而未来可能会出现更大规模的模型，进一步提升指令编程的效果和性能。

(2) 多模态的学习和理解：将图像、视频、音频等多模态数据纳入指令编程的范畴，提供更全面的语义理解和生成能力。这样的模型可以通过对不同模态数据的联合学习和推理，生成与多模态输入相关的代码和算法，拓展指令编程的应用领域。

2) 改进指令的表达和理解

(1) 自然语言处理技术的改进：通过改进自然语言处理技术，提高对指令的准确理解和解析能力。例如，改进语义解析和语法分析算法，更好地识别和处理复杂的指令结构，从而提高指令编程的准确性和可靠性。

（2）上下文感知和语境理解：加强模型对上下文和语境的感知能力，以更好地理解指令的含义和背景。这可以通过引入上下文编码器、对话历史模型或全局推理机制来实现，使模型能够更好地理解和处理复杂的指令场景。

3）提供更好的代码生成和优化能力

（1）代码生成的可定制性和灵活性：为指令编程模型提供更多的参数和选项，以允许开发者根据具体需求和偏好进行代码生成的定制和调整。例如，可以引入代码生成的模板、可配置的生成规则或生成策略，使开发者能够更灵活地控制生成的代码结构和风格。

（2）代码优化和自动化：在代码生成过程中，自动进行代码优化和改进，提高生成代码的质量、性能和可读性。可以引入静态代码分析技术、自动化代码重构和优化算法等，帮助开发者生成更高效、可维护的代码。

以上是指令编程的技术改进和未来发展的比较明确的方向。指令编程的研究和应用仍然处于快速发展的阶段，未来可能会有更多创新和突破。随着技术的不断进步和实践经验的积累，指令编程可能会在以下方面得到进一步改进和发展。

1）面向特定领域的指令编程

（1）针对特定领域的指令编程模型：开发针对特定领域的指令编程模型，使其能够更好地理解和生成与该领域相关的代码。例如，在金融、医疗、物联网等领域中，可以设计专门的指令编程模型，使其具备领域特定的语义理解和代码生成能力。

（2）领域知识的整合：将领域知识和规则引入指令编程中，提高模型对特定领域的理解和应用能力。通过结合领域专家的知识和经验，指令编程可以更好地满足领域特定的代码生成需求，减少开发者的工作量。

2）结合自动化和协作

（1）自动化代码生成和集成：进一步提升指令编程的自动化程度，使其能够直接生成可执行的代码，并进行自动化的集成和部署。这样可以加速软件开发周期，提高开发效率和质量。

（2）多人协作和代码共享：开发基于指令编程的协作平台，使多个开发者可以共同使用和维护代码生成模型，共享指令和生成的代码片段。这样可以促进团队协作，加速开发过程，并促进代码的共享和重用。

3）用户友好性和可解释性

（1）指令编程界面的设计：设计直观、易用的指令编程界面，使开发者能够方便地表达需求、指导模型生成代码，并进行交互式的代码调整和优化。

（2）生成代码的可读性和可解释性：提高生成代码的可读性和可解释性，使开发者能够更好地理解和调试生成的代码。可以采用代码注释、变量命名规范、代码缩进等技术来改善生成代码的可读性。

1.5.3 指令编程对应用程序开发的影响与前景展望

指令编程对应用程序开发具有重要的影响，它可以加速开发过程、降低学习成本、提高开发效率，并提供更灵活的开发方式。随着技术的不断进步和指令编程方法的不断改进，它有望在应用程序开发领域发挥更大的作用，为开发者带来更多创造力和创新空间。

指令编程的前景展望非常广阔。随着人工智能模型的不断发展和改进，指令编程将能够更好地理解开发者的指令，生成更准确、高质量的代码和回答。这将大大提升开发效率和开发者的工作体验。

指令编程还可以推动低代码和无代码开发的发展。通过将技术需求以自然语言形式提供给模型，开发者无须深入学习编程语言和框架，即可实现应用程序的开发。这将使更多的人能够参与到应用程序开发中，加速创新和解决问题的过程。

另外，指令编程还有助于跨领域的合作与创新。开发者可以通过指令编程与领域专家进行交流，快速实现领域特定的应用程序开发。这将促进不同领域之间的知识共享和合作，推动创新的跨界发展。

然而，指令编程同时也正面临一些挑战。准确地表达开发需求、生成可靠和高质量的代码仍然是关键问题。此外，需要解决的问题包括确保生成的代码与现有系统集成，提高代码的可读性和可维护性等。未来的研究和技术改进将聚焦于这些方面，以进一步提升指令编程的实用性和可靠性。

总体而言，指令编程作为一种创新的应用程序开发方法，将在未来发挥重要作用。它将为开发者提供更高效、灵活和创造性的开发方式，加速应用程序的开发周期，促进技术创新和知识共享，推动数字化时代的持续发展。

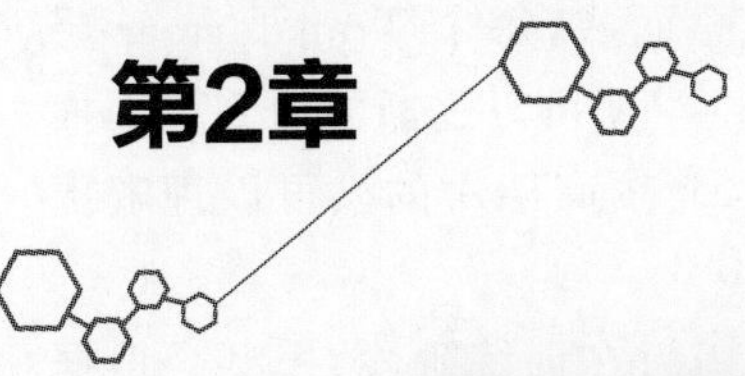

指令编程的基本知识与技能

本章将介绍ChatGPT模型的工作原理、输入/输出格式及其局限性，讲解数据准备和处理的关键步骤，包括数据收集、清洗、预处理和划分。本章还将介绍编写有效指令的基本原则和技巧，探讨调试和优化指令的常见问题和解决方法，并研究处理用户输入和生成高质量模型输出的技术和工具。

通过学习本章，读者将掌握指令编程所需的基本知识和技能，为在后续章节中进行实际的指令编程实践打下坚实的基础。

2.1 理解ChatGPT模型

2.1.1 ChatGPT模型的概述与工作原理

ChatGPT是一种基于Transformer架构的语言模型，具有强大的语言理解和生成能力。它通过大规模的无监督训练从文本数据中学习语言的统计规律和语义信息。ChatGPT的工作原理如下。

(1) Transformer架构：ChatGPT模型采用了Transformer架构，这是一种革命性的深度学习架构，特别适用于处理序列数据。相比于传统的循环神经网络（Recurrent Neural Network，RNN）或卷积神经网络（Convolutional Neural Network，CNN），Transformer使用自注意力机制来捕捉输入序列中的依赖关系，使得模型可以并行处理输入的不同位置，大大提高了效率。

(2) 自注意力机制：Transformer中的自注意力机制允许模型在生成每个输出时对输入序列的不同位置进行注意力计算。通过计算注意力权重，模型可以自动关注与当前生成位置相关的上下文信息，这使得模型能够更好地理解句子中的语义和语法结构。自注意力机制还允许模型在生成输出时考虑长距离的依赖关系，避免了传统循环神经网络中的梯度消失或梯度爆炸问题。

(3) 输入表示：在ChatGPT模型中，输入文本通常被表示为词嵌入（word embeddings）序列。词嵌入是将每个词语映射到一个高维向量空间的技术，它能够捕捉词语之间的语义关系。ChatGPT模型会对输入文本中的每个词语进行词嵌入操作，将其转化为模型能够理解的连续向量表示。

（4）多层堆叠：ChatGPT 模型由多个 Transformer 层堆叠而成，每个 Transformer 层都有多头自注意力子层和前馈神经网络子层。多层的结构使得模型可以逐渐学习到不同抽象层次的语义信息。较低层次的层可以捕捉词语级别的语义，而较高层次的层可以理解更复杂的句子结构和语义关系。

（5）生成输出：ChatGPT 模型可以在训练和生成阶段使用。在训练阶段，模型会根据给定的上下文预测下一个词语。在生成阶段，模型可以根据已生成的文本继续生成下一个词语，从而不断扩展文本序列。生成的过程基于 ChatGPT 模型的语言模型能力。在生成阶段，给定一个输入序列作为上下文，模型会根据该上下文生成下一个最可能的词语或标记。生成的词语或标记又会被作为下一步的输入，以此类推，从而逐步生成完整的文本。

具体来说，完整文本的生成过程如下。

（1）输入编码：将输入序列进行编码。通常是将文本序列转换为词嵌入向量表示，并将这些向量作为输入供给模型。

（2）自注意力计算：模型通过自注意力机制计算上下文中每个词与其他词的相关性。自注意力机制可以帮助模型在生成过程中关注到重要的上下文信息，以便更好地理解语义和语法结构。

（3）上下文融合：通过自注意力计算，模型将上下文信息融合到当前位置的表示中。这使得模型能够根据上下文来生成更准确的下一个词语。

（4）词语生成：模型使用训练得到的语言模型生成下一个词语。生成的词语是通过对模型的输出进行采样得到的，采样可以基于概率分布选择最可能的词语。

（5）生成序列更新：将生成的词语添加到生成序列中，并将其作为下一步生成的上下文输入。

（6）重复步骤（4）和步骤（5），直到达到指定的生成长度或生成结束条件。

需要注意的是，生成过程中的每一步都可以基于不同的策略进行调整和优化，以获得更好的生成效果。例如，可以通过调整采样温度来控制生成的多样性，或者使用束搜索算法来控制生成的准确性。

ChatGPT 模型基于对输入序列的理解和对语言模型的预测能力实现生成过程。通过不断扩展生成序列，模型可以生成连贯、有逻辑的文本输出，满足指令编程的需求。

2.1.2 ChatGPT 模型的输入与输出格式

ChatGPT 模型作为一种基于语言模型的生成模型，它的输入和输出格式对于指令编程非常关键。了解并正确处理模型的输入/输出格式，能够帮助开发者更有效地编写指令并获取期望的结果。

1. ChatGPT 模型的输入格式

对 ChatGPT 模型的输入格式的要求如下。

（1）输入格式通常是一个字符串，表示用户的指令或问题。

（2）可以将用户的指令作为单个字符串输入，也可以根据需要将多个指令组合成一个字符串。

（3）输入字符串应该包含与任务相关的关键信息，以引导模型生成合适的回答或代码。

（4）指令可以包含关键词、上下文信息、特定的格式要求等，以更精确地指导模型。

示例 1：

以开发天气查询应用为例，用户的指令可以是："查询北京明天的天气。"这个指令可以直接作为模型的输入字符串。

示例 2：

"编写一个名为 calculate_average 的函数，将列表作为参数，并返回该列表中所有元素的平均值。"

2. 示例代码作为输入

将示例代码作为输入的要求如下。

(1) 确定所需生成代码的编程语言和风格，如 Python。

(2) 对于某些编程任务，可以将现有代码片段或示例代码作为输入，以便模型参考并生成相关的代码。

(3) 可以在输入指令中提供示例代码，或在其前面使用特定标记或关键词进行引用。

示例：

基于以下示例代码完成函数的实现。

```
\n python\ndef calculate_average(lst):\n
total = sum(lst)\n
average = total / len(lst)\n
return average\n
```

3. ChatGPT 模型的输出格式

对 ChatGPT 模型的输出格式的要求如下。

(1) 输出格式通常是一个字符串，表示模型生成的回答、建议或代码。

(2) 对于对话型任务，输出字符串通常是模型生成的回答文本。

(3) 对于生成代码的任务，输出字符串通常是模型生成的代码片段。

(4) 输出的代码应符合语法规则和最佳实践，具有良好的可读性和可维护性。

示例 1 的输出：

继续以天气查询应用为例，模型的输出可以是："明天北京的天气预计为晴，最高温度为 25℃，最低温度为 15℃。"这个字符串就是模型生成的回答结果。

示例 2 的输出：

返回该列表中所有元素的平均值。

```
def calculate_average(lst):
    total = sum(lst)
    average = total / len(lst)
    return average
```

4. 输出示例代码的注释和解释

为了帮助初学者理解生成的代码，模型可以输出注释和解释，以解释代码的功能、关键步骤或算法。

示例：

```
#计算列表中所有元素的总和
total = sum(lst)
#计算平均值
average = total / len(lst)
```

```
    # 返回平均值
    return average
```

在构建 ChatGPT 模型的输入与输出时，需要注意以下几点。

(1) 在编写指令时，要确保输入字符串与指令的要求和模型的预期输入格式相匹配。这包括使用正确的分隔符、关键词、占位符等。

(2) 为了引导模型生成准确的输出，可以在指令中明确指定所需的格式、约束条件、代码结构等。

案例分析：

考虑一个代码生成的应用场景，用户想要生成一个简单的 Python 函数，将两个数字相加。指令可以是："生成一个名为 add 的函数，接收两个参数 x 和 y，返回 x 和 y 的和。"这个指令明确了函数的名称、参数和返回值，并提供了关键词来指导模型生成相应的代码。模型的输出可以是：

```
def add(x, y):
    return x + y
```

在这个案例中，指令的准确性和清晰度对于模型生成正确的代码非常重要。通过正确设置输入格式和提供清晰的指令，开发者可以更好地利用 ChatGPT 模型生成期望的代码。

ChatGPT 模型的输入和输出格式对于指令编程至关重要。准确理解和处理用户的指令是确保生成的代码能够实现预期功能的关键。为了获得最佳的结果，需要遵循以下重要的指导原则。

(1) 清晰明确的指令：指令应该清楚地描述所需的功能和行为，包括关键词、参数、返回值等必要的信息，以确保模型理解用户的意图并生成正确的代码。

(2) 规范化的输入格式：确保指令的输入格式符合模型的期望，包括正确的语法、关键词和标记的使用方式等。遵循一致的输入格式可以提高模型对指令的理解和生成准确代码的能力。

(3) 提供必要的上下文信息：如果指令涉及特定的上下文环境或已有代码框架，应该将这些信息包含在指令中，以便模型能够在生成过程中考虑并与之对接。

(4) 限制生成范围：根据实际需求，对生成的代码进行适当的限制和约束。这可以通过指定特定的代码结构、函数或算法来实现。限制生成范围可以确保生成的代码符合特定的规范和要求。

案例分析中的代码生成示例展示了一个简单的情况，但在实际应用中可能涉及更复杂的功能和逻辑。为了获得更高质量的生成结果，开发者可以通过与模型的迭代交互来调整和优化指令，尝试不同的表达方式，以及提供更多的示例和上下文信息。

总而言之，编写有效的指令对于指令编程是至关重要的。准确描述功能需求、提供规范化的输入格式、提供必要的上下文信息和限制生成范围等，这些都有助于模型理解用户意图并生成符合预期的代码。特别是对于初学者，在编写指令时，要确保输入格式清晰明确，包含必要的信息和示例代码。对于模型输出，要保证生成代码的正确性、可读性，并可以附带注释和解释以帮助理解。通过正确设置输入和输出格式，可以更好地利用 ChatGPT 模型进行编程指令的生成与实现。

2.1.3 ChatGPT 模型的限制与局限性

ChatGPT 模型在自然语言生成方面取得了令人瞩目的成果，但仍存在一些限制和局限性。这些限制需要开发者在应用中加以注意和处理。以下是对这些限制的详细说明。

1. 知识和理解能力有限

ChatGPT 模型的训练基于大规模的文本数据，它可以生成语法和语义合理的文本。然而，对于特定领域或专业知识的理解能力有限。例如，在医学领域中，模型可能无法理解特定的医学术语或处理复杂的病例。在这种情况下，开发者需要限制用户的输入或提供明确的指导，以确保模型生成的结果准确和可信。

示例：

用户输入："请告诉我关于心脏病的治疗方法。"

模型生成："心脏病的治疗方法包括药物治疗、手术治疗和心脏康复等。"

开发者处理：由于模型可能无法提供准确的医疗建议，开发者可以提醒用户咨询医疗专业人士以获取准确的治疗信息。

2. 缺乏常识推理能力

尽管 ChatGPT 模型在语言生成方面表现出色，但其常识推理能力仍然有限。模型可能无法进行复杂的逻辑推理、推断或处理一些常识性问题。

示例：

用户输入："明天太阳会从西边升起吗？"

模型生成："是的，明天太阳会从西边升起。"

开发者处理：在这种情况下，开发者可以向用户解释地球自转的原理，并纠正模型的错误回答。

3. 安全和道德问题

ChatGPT 模型在生成内容时缺乏自我审查能力，可能会生成具有误导性、有害或不恰当的内容。开发者需要进行内容过滤和审查，以确保生成的内容符合道德和法律准则。

示例：

用户输入："我想购买枪支。"

模型生成："你可以在某些地方找到合法的枪支销售商。"

开发者处理：在这种情况下，开发者需要使用敏感内容过滤器，并提醒用户相关法律法规。

4. 生成的结果缺乏一致性

ChatGPT 模型的生成过程是基于概率和随机性的，因此相同的指令在不同的运行中可能会产生不同的输出。

示例：

用户输入："明天天气怎么样？"

模型生成 1："明天将是晴天，气温较高。"

模型生成 2："明天可能会下雨，记得带伞。"

开发者处理：在这种情况下，开发者可以向用户解释模型的随机性，并提醒用户多次尝试以获得更准确和一致的结果。

对于目前存在的限制和局限性，开发者可以通过以下方法缓解这些问题。

(1) 指令编写和数据准备。

编写清晰、明确的指令可以帮助模型更好地理解用户的意图。在数据准备阶段，可以提供领域特定的训练数据，以增强模型对特定领域知识的理解。

(2) 后处理和过滤。

对生成的文本进行后处理和过滤，确保生成的内容符合预期并符合道德、法律和安全要求。可以使用敏感内容过滤器、规则检测器或人工审核等方法来进行内容的筛选和审查。

(3) 模型迭代和优化。

不断与模型进行交互，收集用户反馈并进行模型的迭代和优化。通过持续改进模型的训练数据、架构和参数，可以提高生成结果的质量和准确性。

(4) 引导式对话。

在特定领域或任务中，可以通过引导式对话的方式限制用户的输入和指导模型的回复。引导式对话可以提供更加可控和准确的交互体验。

ChatGPT 模型在自然语言生成方面具有强大的能力，但在特定领域、常识推理和内容安全等方面仍存在一些限制和局限性。开发者可以通过合理的指令编写、数据准备和后处理等方法来缓解这些问题，与模型的迭代交互和优化也可以提高生成结果的质量和准确性。

2.2 数据准备与处理

2.2.1 数据收集和清洗

在指令编程中，数据的收集和清洗是非常关键的步骤。数据的质量和多样性对模型的性能和生成结果具有重要影响，因此，开发者需要在数据收集和清洗阶段投入充分的注意力和精力。下面将详细介绍数据收集和清洗的步骤、技巧。

1. 数据收集

(1) 公开数据集：可以利用公开的数据集，如政府统计数据、研究机构发布的数据、开放数据平台等。这些数据集通常经过验证和整理，具有一定的可靠性和多样性。

(2) 社区贡献：可以借助开源社区，通过贡献和分享数据来丰富数据集。这种方式可以获取来自不同来源和领域的数据，提高数据集的覆盖范围和多样性。

(3) 用户反馈：收集用户的反馈和数据，可以通过用户调查、意见反馈和用户生成内容等方式。用户反馈提供了实际应用场景和真实数据的来源，对提高模型的性能和适应性有着重要作用。

2. 数据清洗

(1) 数据去重：在收集到的数据中可能存在重复的数据样本。去除重复数据可以减少重复训练和不必要的计算。常用的方法是通过比较数据样本的唯一标识符或关键属性进行去重。

(2) 数据标准化：如果数据集中存在不一致的表示方式或格式，需要进行数据标准化以统一表示。例如，将日期格式统一为特定的格式，将单位进行统一转换等。这样可以确保数据在后续处理和分析中具有一致性。

(3) 缺失值处理：数据中可能存在缺失值，需要根据具体情况进行处理。例如，删除包含缺失值的样本，填充缺失值，使用插值方法进行估算等。处理缺失值可以避免在模型训练和使用过程中出现错误或偏差。

（4）数据格式转换：将数据转换为模型可接受的格式是非常重要的。例如，将文本数据转换为数值表示，对图片数据进行预处理和缩放等。数据格式转换要根据具体模型和任务的需求进行适配。

（5）异常值处理：数据中可能存在异常值，这些异常值可能会对模型训练和性能产生不良影响。可以选择删除异常值或使用合适的方法进行修正。异常值的检测和处理要依赖于具体的领域知识和数据特点。

3. 进阶技巧和注意事项

在数据准备和处理过程中，开发者需要保持数据的质量和一致性，并根据模型的要求进行适当的转换和处理。以下是一些进阶技巧和注意事项。

（1）数据可视化和探索：在数据收集和清洗之前，可以进行数据可视化和探索分析，以了解数据的分布、特征和异常情况。这可以帮助发现数据中的问题和异常，并指导后续的数据清洗和处理步骤。

（2）错误和异常处理：在数据清洗过程中，需要特别注意处理错误和异常情况。例如，对于文本数据，可能存在拼写错误或语法问题；对于数值数据，可能存在异常值或超出范围的值。通过识别和处理这些错误和异常，可以提高数据的质量和可靠性。

（3）数据采样和平衡：在某些情况下，数据集可能存在不平衡或偏倚的问题。例如，二分类问题中正负样本比例失衡，多类别问题中某些类别样本较少。在这种情况下，可以采取采样策略（如过采样或欠采样）或使用类别权重来平衡数据集，以避免模型对少数类别的忽视或过拟合。

（4）数据保护和隐私：在进行数据收集和处理时，需要遵守数据保护和隐私的法律和规定。确保数据匿名化或脱敏处理，以保护个人隐私信息。特别是在与用户相关的数据收集和处理中，要获取用户的明确许可和遵守相关的隐私政策。

（5）数据更新和维护：数据是不断变化的，因此需要定期更新和维护数据集。这包括添加新数据、删除过时数据、更新数据标签或重新训练模型等。通过定期的数据更新和维护，可以保持模型的准确性和适应性。

数据收集和清洗是指令编程中的关键步骤，对于模型的性能和生成结果具有重要影响。开发者需要花费充分的时间和精力来确保数据的质量、准确性和适应性。通过合理的数据收集和清洗，可以提高模型的训练效果和应用效果，从而更好地满足用户的需求。

2.2.2 数据预处理和格式转换

数据预处理和格式转换在指令编程中起着关键的作用，它们确保输入数据与 ChatGPT 模型的要求相符合，以便进行准确的生成和计算。下面对数据预处理和格式转换进行详细扩展。

1. 文本清洗和标准化

文本数据通常包含各种特殊字符、标点符号和 HTML 标签等。在预处理阶段，可以使用正则表达式或字符串处理方法去除这些无关的信息，并将文本转换为统一的大小写形式。例如，可以使用 Python 中的 re 模块来进行正则表达式的匹配和替换操作。

示例代码：

```
import re
def clean_text(text):
    #去除特殊字符和标点符号
    text = re.sub(r'[^\w\s]', '', text)
    #转换为小写形式
    text = text.lower()
    return text
#示例
text = "Hello, <b> World!</b>"
cleaned_text = clean_text(text)
print(cleaned_text)                          #输出: hello world
```

2. 分词和标记化

将文本数据分割成单词或子词的序列，并为每个词或子词分配唯一的标识符。这可以通过使用现有的自然语言处理工具或库进行实现。例如，可以使用 NLTK 库或 spaCy 库中的分词器对文本进行分词和标记化。

示例代码：

```
import nltk
def tokenize_text(text):
    tokenizer = nltk.tokenize.WordTokenizer()
    tokens = tokenizer.tokenize(text)
    return tokens
#示例
text = "This is a sample sentence."
tokens = tokenize_text(text)
print(tokens)                      #输出: ['This', 'is', 'a', 'sample', 'sentence', '.']
```

3. 序列长度控制

ChatGPT 模型对输入序列的长度有一定的限制。如果输入序列过长，则需要进行截断操作；如果输入序列过短，则需要进行填充操作。通常，可以设置一个最大序列长度，并对超出或不足的序列进行处理。

示例代码：

```
MAX_SEQUENCE_LENGTH = 100
def truncate_or_pad_sequence(sequence, max_length):
    if len(sequence) > max_length:
        sequence = sequence[:max_length]
    elif len(sequence) < max_length:
        sequence = sequence + [0] * (max_length - len(sequence))
    return sequence
#示例
sequence = [1, 2, 3, 4, 5, 6, 7, 8, 9]
processed_sequence = truncate_or_pad_sequence(sequence, MAX_SEQUENCE_LENGTH)
print(processed_sequence)      #输出: [1, 2, 3, 4, 5, 6, 7, 8, 9, 0, 0, …, 0] (总长度为 100)
```

4. 数值编码和向量化

ChatGPT 模型通常需要将文本数据转换为数值表示。这可以使用词嵌入或 one-hot 编码等技术来实现。词嵌入是一种常用的文本向量化方法，它将每个词映射到一个低维度的实数向量，并捕捉词之间的语义关系。常见的词嵌入模型包括 Word2Vec、GloVe 和 BERT 等。

示例代码：

```
import numpy as np
from gensim.models import Word2Vec
sentences = [['I', 'like', 'cats'], ['Dogs', 'are', 'friendly']]
model = Word2Vec(sentences, min_count = 1)
# 获取词嵌入向量
embedding_vector = model.wv['like']
print(embedding_vector)                    # 输出: [0.0123, 0.0456, …]
# 示例:将文本序列转换为词嵌入向量序列
text = "I like cats"
tokens = text.split()
embedding_sequence = [model.wv[token] for token in tokens]
print(embedding_sequence)                  # 输出: [[0.0123, 0.0456, …], …]
```

5. 数据格式转换

根据 ChatGPT 模型的输入要求，将数据转换为特定的格式。例如，如果模型要求输入为一组文本序列，则需要将数据组织为适当的序列格式。这可以使用 Python 的列表或 NumPy 数组来实现。

示例代码：

```
import numpy as np
# 示例:将文本序列转换为 NumPy 数组
text_sequences = [["I", "like", "cats"], ["Dogs", "are", "friendly"]]
max_sequence_length = 5
# 将文本转换为词嵌入向量序列
embedding_sequences = []
for sequence in text_sequences:
    embedding_sequence = [model.wv[token] for token in sequence]
    embedding_sequences.append(embedding_sequence)
# 序列长度控制:截断或填充序列
processed_sequences = []
for sequence in embedding_sequences:
    processed_sequence = truncate_or_pad_sequence(sequence, max_sequence_length)
    processed_sequences.append(processed_sequence)
# 转换为 NumPy 数组
data = np.array(processed_sequences)
print(data.shape)                          # 输出: (2, 5, embedding_dim)
```

通过数据预处理和格式转换，可以将原始数据整理成适合输入 ChatGPT 模型的形式。这些处理步骤可以根据具体任务和数据特点进行灵活调整，以获得更好的模型性能和生成结果。

2.2.3 数据集的划分

数据集的划分在指令编程中是非常重要的步骤，对模型的训练和评估起着关键的作用。下面将详细探讨数据集的划分的相关概念，并提供一些示例来说明它们的应用。

1. 数据集的划分

数据集的划分是将原始数据集按照一定比例划分为不同的子集，常见的有训练集、验证集和测试集。划分的目的是在不同的阶段对模型进行训练、验证和测试，以评估模型的性能和泛化能力。

示例代码：

```
from sklearn.model_selection import train_test_split
#假设原始数据集为 X 和 y
X = …                                        #特征数据
y = …                                        #目标标签
#划分为训练集、验证集和测试集
X_train,X_val_test,y_train,y_val_test = train_test_split(X,y,test_size=0.2,random_state=42)
X_val,X_test,y_val,y_test = train_test_split(X_val_test,y_val_test,test_size=0.5,random_state=42)
```

在上述示例中，使用了 train_test_split 函数从原始数据集中划分出训练集、验证集和测试集。首先，通过设置 test_size＝0.2，将原始数据集划分为 80％的训练集和 20％的验证集＋测试集。然后，再次使用 train_test_split 将验证集＋测试集按照 50∶50 的比例划分为验证集和测试集。

2. 训练集和验证集的划分

在指令编程中，通常使用训练集来训练模型的参数，使用验证集评估模型在训练过程中的性能并调整超参数。

示例代码：

```
model = …                                    #创建并编译模型
#在训练过程中使用验证集进行模型评估
model.fit(X_train, y_train, validation_data=(X_val, y_val), epochs=10, batch_size=32)
```

在上述示例中，使用 fit 函数来训练模型，并通过 validation_data 参数将验证集传递给模型。在每个训练周期(epoch)结束时，模型将在验证集上进行评估，并返回验证集上的损失和性能指标，以监控模型的训练过程。

3. 测试集的划分和评估

在模型训练完成后，使用独立的测试集对模型进行最终的评估和性能测试。测试集应该是与训练集和验证集独立的数据，可以用于衡量模型在实际应用中的泛化能力。

示例代码：

```
#使用测试集评估模型性能
test_loss, test_accuracy = model.evaluate(X_test, y_test)
```

在上述示例中，使用 evaluate 函数对测试集进行评估，并计算出模型在测试集上的损失和准确度等指标。这些指标可以帮助开发者了解模型在真实数据上的表现，并对模型的性能进行最终的评估。

除了简单的数据集划分外，还可以使用交叉验证(cross-validation)来更准确地评估模型性能。交叉验证将数据集划分为多个折(folds)，依次使用不同的折作为验证集，其余折作为训练集，多次运行以获取更稳定的评估结果。

示例代码：

```
from sklearn.model_selection import cross_val_score
#使用交叉验证评估模型性能
scores = cross_val_score(model, X, y, cv=5)
```

在上述示例中,使用 cross_val_score 函数进行交叉验证评估。将数据集划分为 5 个折(cv=5),模型将在每个折上进行训练和评估,最终返回每个折上的评估结果。通过对多个折的评估结果求平均值,可以得到更可靠的模型性能评估。

在进行数据集的划分和训练集、验证集的划分时,需要注意以下几点。

(1) 数据集划分应该是随机的,以避免引入任意的偏差。

(2) 数据集的划分应该具有代表性,即划分后的子集在统计分布上与原始数据集相似,以确保评估结果的准确性。

(3) 对于分类问题,应该确保训练集、验证集和测试集中各个类别的比例相似,避免模型对某些类别的偏好。

(4) 对于时间序列数据,应按照时间顺序划分数据集,以模拟实际应用场景。

合理的数据集的划分和训练集、验证集的划分能够提供对模型性能的准确评估,并帮助优化指令编程过程,从而确保模型在实际应用中的效果。

2.3 编写有效的指令

2.3.1 指令编写的基本原则与技巧

编写有效的指令是指令编程中至关重要的一步。以下是一些基本原则和技巧,可以帮助开发者编写清晰、准确且可理解的指令。

(1) 简洁明了:指令应该简洁明了,尽量使用简单直接的语言,避免冗余和复杂的表达。

(2) 具体明确:指令应该提供足够的具体细节,明确模型需要生成的内容。同时,明确指定函数名、参数名和返回值及它们的含义和关系。

(3) 使用关键词和语义提示:使用关键词和语义提示来引导模型理解指令的意图。可以使用一些特定的关键词或短语,如“生成”“定义”“返回”等来指示模型生成代码的操作。

(4) 考虑边界条件和特殊情况:对于指令中可能出现的边界条件和特殊情况,确保指令对这些情况进行了明确的说明和处理。例如,对于函数的输入参数,考虑如何处理空值、非数字值或其他异常情况。

(5) 使用注释和文档:在指令中使用注释和文档来解释指令的目的、使用方法和输入/输出等信息。这可以帮助其他开发者理解和使用指令,并提高代码的可读性和可维护性。

例如,在指令中添加注释或文档说明函数的作用、参数的含义和用法等,代码如下。

```
#生成一个名为 add 的函数,接收两个参数 x 和 y,返回它们的和
def add(x, y):
    Add two numbers together
    Parameters:
    x (float): The first number
    y (float): The second number
    Returns:
    float: The sum of x and y
    return x + y
```

(6) 考虑可扩展性和复用性：在编写指令时，考虑指令的可扩展性和复用性。尽量设计灵活的指令结构和参数设置，以便在需要时可以轻松地进行修改和扩展。

(7) 举例说明：在编写指令时，可以提供一些示例或案例，以便更清楚地说明指令的使用和预期效果。示例可以帮助其他开发者更好地理解指令的含义和用法。

通过遵循上述基本原则和技巧，可以编写出清晰、准确且易于理解的指令。这有助于提高指令编程的效率和质量，并使模型生成正确且符合预期的代码。

2.3.2 引导模型理解用户意图的关键指令元素

为了确保模型正确理解用户的意图，指令中应包含以下关键元素。

(1) 动作词：指令中的动作词用于明确指示模型需要进行的操作，如"生成""定义""创建"等。

(2) 名词和实体：在指令中使用具体的名词和实体，如函数名、参数名和返回值类型。这样可以提供更具体的指导，帮助模型生成符合预期的代码。

(3) 参数和约束：对于函数或任务的参数，指令中应明确指定参数的名称、类型和约束条件，如参数的数据类型、取值范围等。

(4) 示例和模板：使用示例代码和模板来帮助模型更好地理解指令。通过提供一些示例代码或模板，模型可以更好地学习到生成代码的模式和结构。

下面通过一些示例详细说明引导模型理解用户意图的关键指令元素。

(1) 动作词示例。

① 生成一个名为 add 的函数，接收两个参数 x 和 y，返回它们的和。

② 创建一个名为 square 的函数，接收一个参数 x，返回它的平方。

③ 定义一个名为 get_length 的函数，接收一个参数 string，返回字符串的长度。

(2) 名词和实体示例。

① 生成一个名为 calculate_average 的函数，接收一个参数 numbers(整数列表)，返回它们的平均值。

② 创建一个名为 Person 的类，包含属性 name 和 age。

③ 定义一个名为 multiply 的函数，接收两个参数 x 和 y(整数)，返回它们的乘积。

(3) 参数和约束示例。

① 生成一个名为 calculate_area 的函数，接收两个参数 width 和 height(均为正数)，返回矩形的面积。

② 创建一个名为 find_maximum 的函数，接收一个参数 numbers(整数列表)，返回列表中的最大值。

③ 定义一个名为 is_prime 的函数，接收一个参数 num(正整数)，返回该数是否为质数。

(4) 示例和模板示例。

① 生成一个名为 get_date 的函数，返回当前的日期和时间。

② 创建一个名为 Product 的类，包含属性 name、price 和 quantity，并定义一个计算总价的方法。

③ 定义一个名为 is_palindrome 的函数，接收一个参数 string(字符串)，返回该字符串是否为回文。

在以上示例中，动作词明确指示模型需要执行的操作，名词和实体提供具体的对象和信息，参数和约束明确指定参数的属性和限制条件，示例和模板提供更具体的上下文和参考。

通过在指令中使用这些关键指令元素，可以帮助模型更好地理解用户的意图和生成符合预期的代码。同时，合理的示例和模板可以提供更具体的上下文，帮助模型学习代码的结构和模式，从而生成更准确和合理的代码。

2.3.3　针对不同任务与场景的指令编写策略

根据不同的任务和场景，指令编写的策略可能有所不同。以下是一些针对不同任务和场景的指令编写策略。

(1) 生成特定功能的代码：对于需要生成特定功能的代码的任务，指令应明确指定所需的功能和操作。例如，如果需要生成一个排序算法的代码，指令可以包含排序算法的名称、输入数据的类型和排序方式等信息。

(2) 自定义代码模板：对于常见的代码模式或结构，可以提供自定义的代码模板来指导模型生成代码。这些模板可以包含固定的代码片段或常用的函数调用，以加速开发过程。

(3) 考虑边界条件和异常情况：对于需要处理边界条件和异常情况的任务，指令应考虑这些情况并提供相应的指导。例如，在生成处理异常情况的代码时，指令可以指示模型生成异常处理语句或错误消息的生成方式。

(4) 强调效率和优化：对于需要生成高效代码的任务，指令可以强调优化和效率。例如，指令可以要求模型生成特定的数据结构、算法或代码优化技巧，以提高生成代码的性能。

(5) 考虑可扩展性和灵活性：对于需要生成可扩展和灵活的代码的任务，指令应考虑如何提供参数化的代码生成方式。这样可以使生成的代码适应不同的输入和需求。

在实际应用中，指令编写的策略需要根据具体的任务需求和模型的能力进行调整和优化。通过不断的迭代和实验，开发者可以逐步改进指令编写策略，以获得更好的生成结果。

下面通过一些示例详细说明针对不同任务和场景的指令编写策略。

(1) 生成特定功能的代码。

① 生成一个名为 sort_numbers 的函数，接收一个整数列表，返回按升序排列的列表。

② 创建一个名为 calculate_average 的函数，接收一个浮点数列表，返回列表中元素的平均值。

③ 定义一个名为 find_common_elements 的函数，接收两个列表，返回它们的公共元素。

这些指令明确指示模型生成特定功能的代码，如排序、求平均值或查找公共元素。

(2) 自定义代码模板。

① 生成一个名为 binary_search 的函数，接收一个升序排列的整数列表和一个目标值，返回目标值在列表中的索引位置。要求：使用二分查找算法实现。

② 创建一个名为 Person 的类，包含属性 name 和 age，并定义一个打印信息的方法。要求：使用类模板来生成代码。

③ 定义一个名为 calculate_factorial 的函数，接收一个正整数 n，返回 n 的阶乘。要求：使用递归算法实现。

这些指令提供了自定义的代码模板或特定的算法，以加速代码生成过程。

(3) 考虑边界条件和异常情况。

① 生成一个名为 divide 的函数，接收两个参数 numerator 和 denominator（非零浮点数），返回它们的商。同时，在指令中指示如何处理除以零的情况。

② 创建一个名为 get_element 的函数，接收一个列表和一个索引值，返回列表中对应索引的元素。同时，在指令中指示如何处理索引越界的情况。

③ 定义一个名为 parse_integer 的函数，接收一个字符串参数，将其解析为整数并返回。同时，在指令中指示如何处理解析失败的情况。

这些指令考虑了边界条件和异常情况，指导模型生成相应的代码进行处理。

(4) 强调效率和优化。

① 生成一个名为 matrix_multiplication 的函数，接收两个矩阵参数，并返回它们的乘积。在指令中指示模型生成高效的矩阵乘法算法，如 Strassen 算法。

② 创建一个名为 get_prime_numbers 的函数，接收一个整数参数 n，返回小于或等于 n 的所有质数列表。在指令中指示模型生成高效的质数判断算法，如埃拉托斯特尼算法。

③ 定义一个名为 fibonacci 的函数，接收一个正整数参数 n，返回斐波那契数列的第 n 个数字。在指令中指示模型生成高效的斐波那契数列计算算法，如动态规划算法。

(5) 考虑可扩展性和灵活性。

① 生成一个名为 train_model 的函数，接收训练数据集和模型参数，并返回训练好的模型。在指令中指示模型生成代码，可以根据不同的模型和数据集进行训练。

② 创建一个名为 process_data 的函数，接收一个数据集和数据处理的参数，并返回处理后的数据。在指令中指示模型生成代码，可以根据不同的数据集和处理需求进行灵活的数据处理。

③ 定义一个名为 evaluate_model 的函数，接收一个模型和评估数据集，并返回模型在评估数据上的性能指标。在指令中指示模型生成代码，可以根据不同的模型和数据集进行灵活的模型评估。

这些指令强调生成可扩展和灵活的代码，通过参数化的方式使得代码可以适应不同的输入和需求。

通过上述策略，开发者可以根据具体的任务和场景编写更加准确和有效的指令。同时，不断地与模型进行交互和调试，可以逐步改进和优化指令的编写，以获得更好的生成结果。由此可见，合理的指令编写策略可以提高模型对用户意图的理解，并提高生成代码的质量。

2.4 调试与优化指令

在指令编程中，调试和优化指令是提高模型性能和生成结果质量的关键步骤。本节将讲解指令调试的常见问题与解决方法，使用日志和输出分析优化指令，以及针对模型输出进行后处理与过滤。

2.4.1 指令调试的常见问题与解决方法

在指令编写过程中，可能会遇到一些调试问题。以下是一些常见问题及其解决方法。

(1) 语法错误：指令中可能存在语法错误，导致模型无法正确解析和生成代码。解决方法是仔细检查指令的语法结构和关键词使用，确保其符合编程语言的规范。

(2) 歧义和模棱两可：有些指令可能存在歧义或模棱两可的表达，导致模型理解错误或生成不准确的代码。解决方法是明确指定需要的功能和操作，提供更具体的细节和限制条件，以减少歧义性。

(3) 缺乏具体性：指令可能缺乏足够的具体性，导致模型生成的代码不符合预期。解决方法是在指令中提供具体的名词、实体和约束条件，明确指导模型生成所需的代码。

(4) 边界条件和特殊情况处理：指令可能未考虑边界条件和特殊情况，导致生成的代码在处理异常情况时出现错误。解决方法是在指令中明确说明边界条件和特殊情况的处理方式，确保生成的代码具有鲁棒性和正确性。

在调试指令时，可以通过与模型的交互和反馈来逐步改进指令的准确性和清晰度。不断尝试和调整指令，结合模型生成的结果进行分析，可以逐步解决调试问题并提高指令的质量。

2.4.2　使用日志和输出分析优化指令

使用日志和输出分析是优化指令的重要手段。通过记录并分析模型生成的日志和输出，可以发现指令中存在的问题和改进的空间，从而提高指令的效果和生成结果的质量。

在进行调试时，可以在指令执行过程中添加日志语句，记录关键信息和中间结果。这些日志可以包括模型生成的代码片段、变量值、执行路径等内容。通过分析日志，可以检查指令的执行流程、变量取值和生成的代码结构，从而识别问题所在并进行调整。

除了添加日志语句外，还可以分析模型生成的输出来优化指令。通过仔细观察生成的代码结果和预期的代码逻辑，可以发现潜在的问题并进行改进。

以下是一些常见的日志和输出分析策略。

(1) 检查生成的代码结构：分析生成的代码结构，确保其符合预期的代码逻辑。查看函数和变量的命名是否准确，检查代码缩进、括号匹配等基本语法规范。

(2) 检查生成的代码细节：仔细检查生成的代码中的细节，包括算法实现、参数传递、条件语句等。确保代码逻辑正确且符合预期的行为。

(3) 对比输出结果：将生成的代码应用于实际场景或测试数据，并与预期的输出结果进行对比。观察输出结果是否符合预期，检查是否存在错误或偏差。

(4) 迭代和反馈：根据日志和输出的分析结果，不断迭代和改进指令。根据发现的问题进行调整和优化，以逐步提升指令的质量和生成结果的准确性。

使用日志和输出分析优化指令是一个迭代的过程。通过持续观察和分析模型生成的日志和输出，开发者可以发现并修复指令中的问题，从而改进指令的效果和生成结果的质量。

2.4.3　针对模型输出进行后处理与过滤

针对模型输出进行后处理与过滤是进一步优化指令的重要步骤。通过对模型生成的代码进行后处理，可以进一步调整和优化生成结果，以满足特定需求和约束。

以下是一些常见的后处理与过滤技巧。

(1) 代码格式化：对生成的代码进行格式化，使其具有良好的可读性和一致的风格。使用适当的缩进、换行和注释，可以使代码结构清晰明了。

(2) 代码优化：分析生成的代码，寻找可以进一步优化的部分。例如，替换一些低效的算法或数据结构，提取可重用的代码块等。

(3) 引入错误处理：在生成的代码中引入适当的错误处理机制，以处理可能出现的异常情况。添加适当的错误消息和异常处理代码，以增强代码的鲁棒性。

(4) 过滤无效代码：分析生成的代码，识别并删除无效或冗余的代码片段。通过检测和过滤不必要的代码，可以提高代码质量和可维护性，使生成的代码更加简洁和有效。

(5) 代码注释和文档：为生成的代码添加必要的注释和文档，以便其他开发者理解和使用该代码。注释可以解释代码的功能、输入/输出和关键步骤，文档可以提供代码使用的示例和用法说明。

(6) 结果验证：对生成的结果进行验证和测试，以确保其正确性。使用合适的测试数据和验证方法，验证生成的代码是否按照预期工作，并修复任何错误或偏差。

(7) 用户反馈和改进：将生成的代码交给用户或其他开发者使用，并收集他们的反馈。根据用户的反馈和需求，不断改进指令和生成的代码，以提供更好的用户体验。

通过对模型生成的代码进行后处理与过滤，可以进一步调整和优化生成结果，使其符合特定的需求和标准。这个过程是迭代的，需要不断地与用户和开发者进行交互和反馈，以不断提升指令的质量。

2.5 处理用户输入与输出

在指令编程中，处理用户输入与输出是至关重要的。本节将讲解处理用户输入的多样性与灵活性，解析和理解用户输入的技术与工具，以及设计与生成高质量的模型输出。

2.5.1 处理用户输入的多样性与灵活性

用户输入的多样性与灵活性意味着指令需要能够处理各种不同的输入形式和需求。为了确保指令的适用性和通用性，需要考虑以下几方面。

(1) 支持多种输入格式：指令应该能够处理不同的输入格式，如文本、图像、音频等。根据输入的不同格式，采用适当的处理方式和技术。

(2) 处理多种数据类型：指令应支持处理多种数据类型，如字符串、数字、日期等。根据数据类型的特点，选择合适的解析和处理方法。

(3) 考虑输入的灵活性：指令应具备一定的灵活性，能够处理用户输入的变化和不完整性。对于缺失的信息或不完整的输入，指令应具备相应的容错和默认值处理机制。

(4) 用户提示和交互：为了帮助用户提供正确的输入，指令可以提供适当的提示和交互。这可以通过文本提示、选项选择、填充表单等方式实现，以引导用户提供准确的输入。

(5) 输入验证与格式化：对用户输入进行验证和格式化，确保其符合指定的格式和规范。可以使用正则表达式、输入校验函数或自定义规则来验证输入的有效性，并在必要时进行格式化或转换。

(6) 参数化输入：为用户输入提供参数化的方式，以增加灵活性和可配置性。通过允许用户提供参数值或选项来定制生成的代码，以此满足不同的需求和偏好。

(7) 用户反馈与纠错：对于用户输入的错误或不完整的情况，指令应提供明确的错误提示和纠错建议。这可以帮助用户快速发现和修正输入错误，提高用户体验和效率。

（8）上下文感知：指令可以根据上下文环境和已有的输入信息进行推理和补充。通过理解用户的意图和当前的执行状态，指令可以提供更加智能化的输入处理和生成结果。

2.5.2　解析和理解用户输入的技术与工具

为了处理用户输入，可以使用各种解析和理解用户输入的技术与工具。以下是一些常用的技术和工具。

（1）自然语言处理：使用NLP技术可以解析和理解用户提供的文本输入。通过分词、词性标注、句法分析等技术，可以识别关键词、实体和语义结构，从而理解用户的意图和需求。

（2）图像和视觉处理：对于图像输入，可以使用计算机视觉技术进行处理和分析。例如，使用图像识别、目标检测、图像分割等算法，从图像中提取关键信息并用于指令生成。

（3）音频处理：对于音频输入，可以使用音频处理技术进行语音识别和语音理解。通过将音频转换为文本，可以将用户的语音指令转化为可处理的输入形式。

（4）用户界面工具包：使用用户界面工具包（UI toolkit）可以创建交互式的用户界面，以方便用户提供输入。用户界面通常包括文本输入框、复选框、下拉菜单等，帮助用户进行准确输入。

2.5.3　设计与生成高质量的模型输出

除了处理用户输入外，指令编程还需要关注生成的模型输出的质量。以下是一些设计与生成高质量模型输出的策略。

（1）明确的生成目标：在设计指令时，明确生成模型输出的目标和要求。确定所需的代码结构、功能和性能等方面的指标，并根据这些指标进行模型训练和代码生成。

（2）模型输出校验：在生成模型输出后，进行输出结果的校验和验证。对生成的代码进行静态分析或运行时测试，确保其在正确性和功能性上符合预期。

（3）多样性与创新：尽量设计指令模型，使其具备生成多样化和创新性的输出。通过引入随机的生成策略或变异操作，增加模型输出的多样性和创造力。

（4）可读性和可维护性：生成的代码应具备良好的可读性和可维护性，以便其他开发者能够理解和修改。通常应考虑代码的组织结构、命名规范和注释等因素，使生成的代码易于理解和维护。

（5）输出后处理：对生成的模型输出进行后处理，以进一步提升质量和可用性。例如，进行代码格式化、优化和注释补充，以及添加额外的文档和示例。

（6）用户反馈与迭代：将生成的模型输出交付给用户或其他开发者使用，并及时收集用户的反馈。根据用户的反馈和需求，不断改进和优化模型输出，提供更高质量的生成结果。

通过设计与生成高质量的模型输出，指令能够提供更加准确、可靠和符合预期的代码。这可以提高开发人员的工作效率，减少错误处理和代码调试时间，并帮助开发者快速构建和部署应用程序。

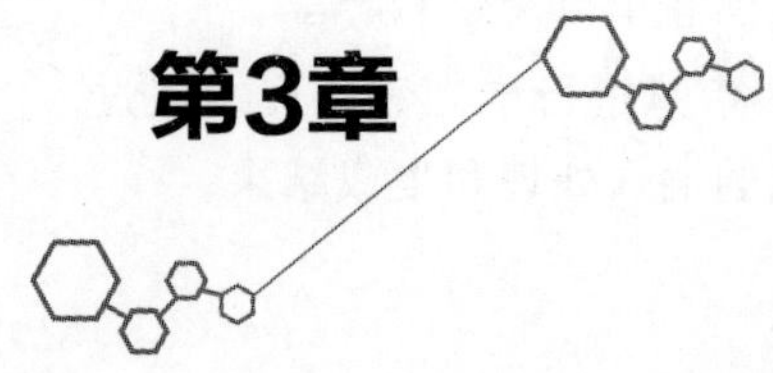

第3章 指令编写技术

指令源码

指令编写是指令驱动编程的核心部分。本章将介绍与指令编写相关的关键技术和概念,包括开发环境与工具、指令编写的语法与语义、常用指令模式与用法,以及处理用户输入与输出的技术。

3.1 开发环境与工具

3.1.1 选择合适的开发环境

在指令编写中,选择合适的开发环境是至关重要的。不同的开发环境和编辑器提供了各自的优势和特点,可以根据个人偏好和项目需求选择适合的工具。下面介绍一些常见的开发环境和编辑器,并说明它们在指令编写中的特点。

1) 集成开发环境

(1) Visual Studio Code: Visual Studio Code 是一款轻量级且功能强大的跨平台代码编辑器。它支持多种编程语言,具有丰富的插件生态系统,可以满足不同的开发需求。Visual Studio Code 提供了代码高亮、自动完成、代码导航、调试等功能,方便用户编写和调试指令代码。

(2) PyCharm: PyCharm 是专为 Python 开发而设计的集成开发环境。它提供了强大的代码编辑、调试、自动补全和代码重构等功能,适用于开发复杂的指令和 Python 应用程序。PyCharm 还支持与版本控制系统的集成,方便团队协作和代码管理。

(3) Eclipse: Eclipse 是一款开放源代码的综合性开发环境,支持多种编程语言。它具有强大的插件生态系统,通过安装适合指令编写的插件来增强开发功能。Eclipse 提供了代码编辑、调试、项目管理和版本控制等功能,适用于大型指令项目的开发。

(4) Jupyter Notebook: Jupyter Notebook 是一个开源的 Web 应用程序,可以创建和共享包含代码、文本和可视化内容的文档。它支持多种编程语言,包括 Python、R 语言和 Julia 等。Jupyter Notebook 的交互式环境使得编写和调试指令变得更加方便,同时还可以在文档中直接展示指令的执行结果。

2) 文本编辑器

(1) Sublime Text: Sublime Text 是一款轻量级的文本编辑器,具有识别快速和响应迅速的特点。它支持多种编程语言，提供了代码高亮、语法检查、代码片段和快捷键等功能，适用于快速编写和编辑指令代码。

(2) Atom：Atom是由GitHub开发的跨平台文本编辑器，可以通过插件扩展功能。它具有类似IDE的功能，提供了代码编辑、自动完成、调试和版本控制等功能，适用于指令编写和其他编程任务。

(3) Notepad++：Notepad++是一款免费的Windows文本编辑器，适用于简单的指令编写。它支持多种编程语言的语法高亮和代码折叠，提供了基本的编辑和查找替换功能。

(4) Emacs：Emacs是一个可自定义的文本编辑器，广泛用于编写指令和其他类型的代码。它提供了丰富的功能和插件，支持多种编程语言和版本控制系统。Emacs的可扩展性和高度定制性使得它成为一种强大的指令编写工具。

(5) Vim：Vim是一个类UNIX操作系统上的文本编辑器，也被广泛用于编写指令。它具有高度可定制性和快速操作的特点，通过使用键盘快捷键和命令模式进行编辑。Vim的高效性使得它成为喜欢键盘驱动开发的开发者的首选。

选择合适的开发环境和编辑器可以取决于个人喜好、项目需求和开发团队的偏好，但无一例外地都要选择一个功能强大、易于使用且能提高开发效率的工具。此外，需要了解不同开发环境和编辑器的特点及优势，这样有助于更好地选择。

在选择开发环境和编辑器时，还应考虑以下因素。

(1) 支持的编程语言：确保选择的开发环境和编辑器支持所使用的编程语言，以便获得适当的语法高亮、代码补全和调试功能。

(2) 功能和插件：了解开发环境和编辑器提供的功能和插件，如代码导航、自动完成、版本控制集成等，以满足指令编写需求。

(3) 用户界面和易用性：评估开发环境和编辑器的用户界面和易用性，确保能够舒适地使用其中的工具和功能。

在选择开发环境和编辑器时，最重要的是感觉舒适并注重提高开发效率。无论选择哪个工具，都需要熟悉其功能和快捷键，并在实际的指令编写项目中不断练习和探索，以提高技能熟练度和开发效率。

3.1.2 使用辅助工具

在指令编写过程中，可以使用一些辅助工具来提高效率和准确性，如代码编辑器插件、自动补全工具、语法检查工具等。以下是一些常用的辅助工具，可以在开发环境中使用。

(1) 代码编辑器插件：代码编辑器插件可以增强指令编写功能，通过提供语法高亮、代码折叠、自动缩进等功能，使指令更易编写。例如，对于Python指令编写，可以使用插件(如Python插件、PyCharm等)获得更好的代码编辑体验。

(2) 自动补全工具：自动补全工具可以根据已输入的部分代码来推测可能的代码片段，并提供可选选项。这可以大大加快指令编写的速度，并减少语法错误。许多集成开发环境和编辑器都具有内置的自动补全功能，或者可以通过插件进行扩展。例如，Visual Studio Code提供了强大的自动补全功能，可以根据上下文推断变量、函数和类名等。

(3) 语法检查工具：语法检查工具可以帮助检测指令中的语法错误并提供相应的建议。这些工具能够捕获潜在的错误、拼写错误、不一致的命名约定等。使用语法检查工具可以提高指令的质量和可读性。对于不同的编程语言，有各种语法检查工具可供选择。例如，对于JavaScript指令编写，可以使用ESLint进行语法检查和代码风格规范的检查。

（4）文档和参考资料：在指令编写过程中，查阅相关的文档和参考资料是很重要的。文档可以提供有关编程语言、库和框架的详细信息，而参考资料可以为特定任务或问题提供解决方案和示例代码。使用文档和参考资料可以帮助理解语法、API用法和最佳实践。常见的文档和参考资料包括官方文档、编程语言规范、库和框架的文档、在线教程和社区论坛等。

这些辅助工具可以显著提高指令编写的效率和准确性。选择适合自己的开发环境和编辑器，并充分利用可用的插件和工具，以便更高效地编写指令。同时，不要忽视查阅文档和参考资料的重要性，它们可以提供宝贵的指导和支持。除了常用的代码编辑器插件、自动补全工具和语法检查工具外，还有其他辅助工具可以在指令编写中发挥作用。以下是一些值得考虑的辅助工具。

（1）版本控制系统：版本控制系统可以帮助管理指令编写过程中的代码版本。通过版本控制，可以轻松地跟踪更改、回滚代码、合并不同的代码分支等。这对于多人协作或备份代码都非常有用。常见的版本控制系统包括Git、SVN等。

（2）文档生成工具：文档生成工具可以自动生成指令文档，包括API文档、用户手册等。这些工具可以从指令的注释或特定的文档标记中提取信息，并生成结构化和易于阅读的文档。一些流行的文档生成工具包括Sphinx、Javadoc等。

（3）调试器：调试器是一种强大的工具，可以帮助诊断和解决指令中的错误和问题。调试器允许逐行执行指令，并检查变量的值、观察程序的执行流程、设置断点等。使用调试器可以更轻松地理解和调试指令的行为。常见的调试器包括GDB、pdb等。

（4）性能分析工具：当需要优化指令的性能时，性能分析工具可以帮助识别瓶颈和优化机会。这些工具可以收集指令的运行时数据，并提供详细的性能分析报告，以帮助了解指令中的性能问题，并针对性地进行优化。一些常见的性能分析工具包括Profiling、perf等。

（5）代码生成器：代码生成器是一种辅助工具，可以根据指令的输入或模板生成特定的代码片段或文件。这对于重复性的指令编写任务非常有用，可以极大地节省时间和精力。代码生成器可以根据预定义的规则和模板，根据用户提供的参数或配置生成代码。可以使用通用的代码生成器工具，或者根据特定的需求开发自己的代码生成器。

这些辅助工具可以根据指令编写的需求和个人偏好进行选择和配置。它们可以提供额外的功能和便利性，帮助开发者更高效、准确地编写指令。选择适合自己的辅助工具并掌握其使用方法，可以提升指令编写的质量和效率。

3.1.3 版本控制和协作工具

在通过指令与ChatGPT进行应用开发时，版本控制和协作工具是非常重要的。它们可以帮助多人协作开发指令，并确保代码的版本控制、追踪和协调。下面介绍两个常用的工具：版本控制系统Git和协作工具GitHub。

1. 版本控制系统Git

Git是一个分布式版本控制系统，广泛应用于软件开发中。它可以帮助团队协同开发指令，并管理代码的版本。Git能够追踪文件的变化，并记录每个开发者的修改历史。通过使用Git,可以轻松地合并不同开发者的代码,也可以解决冲突并回滚代码到之前的状态。

使用Git进行指令开发的基本过程如下。

(1) 初始化仓库:在项目目录下执行git init命令,将其初始化为Git仓库。

(2) 添加和提交修改:使用git add命令将修改的文件添加到暂存区,然后使用git commit命令提交修改。

(3) 分支管理:使用git branch命令创建和切换分支,同时进行多个功能的开发。

(4) 合并和解决冲突:使用git merge命令将不同分支的代码合并,并解决可能出现的冲突。

(5) 远程仓库:将本地仓库与远程仓库进行关联,使用git push命令将本地代码推送到远程仓库。

2. 协作工具GitHub

GitHub是一个基于Git的代码托管平台,提供了代码托管、问题跟踪等功能。它可以帮助团队在指令开发过程中进行协作、代码审查和讨论。通过使用GitHub,团队成员可以轻松地共享代码,提出问题和建议,并对代码进行评论和审查。

GitHub的协作功能如下。

(1) 仓库管理:创建项目仓库、设置访问权限、管理分支等。

(2) Pull Request:开发者可以将自己的代码更改提交到项目的主干分支,并请求其他开发者进行审查和合并。

(3) Issue跟踪:用于报告和跟踪问题、需求和任务。开发者可以创建、分配和解决问题,并与团队成员进行讨论。

(4) 代码审查:开发者可以对代码进行评论和讨论,提出修改建议,并确保代码质量和一致性。

通过使用Git和GitHub,多人协作开发指令变得更加高效和协调。团队成员可以独立工作在自己的分支上,定期合并和解决冲突,确保代码的一致性。以下是一些使用Git和GitHub进行指令开发的示例。

(1) 创建分支:在开始工作之前,每个开发者都应创建自己的分支。这样可以避免直接在主分支上进行修改,减少冲突的可能性。

```
git branch feature-branch                # 创建一个新的分支
git checkout feature-branch              # 切换到新创建的分支
```

(2) 提交修改:在完成一部分工作后,开发者应提交修改到自己的分支。提交时可以添加有意义的提交消息,以便其他开发者了解修改的内容。

```
git add                                  # 添加修改的文件
git commit -m "Add new feature"          # 提交修改,并添加提交消息
```

(3) 定期合并主分支:为了保持与主分支的同步,开发者应定期合并主分支的最新代码到自己的分支上。这样可以避免在最后合并时出现大量冲突。

```
git checkout feature-branch              # 切换到自己的分支
git fetch origin                         # 获取主分支的最新代码
git merge origin/main                    # 合并主分支的最新代码
```

(4) Pull Request和代码审查:当开发者完成自己的工作并准备合并到主分支时,应创

建一个 Pull Request(PR)。在 PR 中,其他开发者可以对代码进行审查、提出修改建议,并最终合并代码到主分支。

(5) 解决冲突:在合并分支时,可能会遇到冲突。冲突通常是由多个开发者对同一部分代码进行了修改而引起的。在解决冲突时,开发者应仔细查看冲突部分,并根据实际需求进行调整和合并。

(6) 使用代码审查工具:GitHub 提供了内置的代码审查工具,如行级评论和文件级评论。开发者可以在代码上进行注释和讨论,以便更好地理解和改进代码。

通过使用版本控制系统 Git 和协作工具 GitHub,开发者可以高效地进行指令编写的协作开发,保持代码的版本控制和追踪,并通过代码审查提高代码质量和可靠性。

3.2 指令编写的语法与语义

3.2.1 语法规则和约定

在指令编写中,经常会使用语法规则和约定,如标识符的命名规范、函数和变量的声明方式、注释的使用等,以确保指令的一致性和易读性。

以下是一些常见的语法规则和约定。

1. 标识符的命名规范

(1) 使用有意义的名称:选择描述性的名称,以便其他开发者能够轻松理解标识符的用途。

(2) 遵循命名约定:采用一致的命名约定,如驼峰命名法或下画线命名法,以提高标识符的可读性。

(3) 避免使用保留关键字:不要使用编程语言中的保留关键字作为标识符,以免引起冲突和错误。

示例:

```
#使用驼峰命名法
函数名: 计算总和
变量名: 用户输入值
```

2. 函数和变量的声明方式

(1) 明确声明数据类型:在定义函数和变量时,明确指定其数据类型,以提高代码的可读性和可维护性。

(2) 使用一致的声明风格:选择一种声明风格,如将返回类型放在函数声明之前或之后,以增加代码的一致性。

示例:

```
#在函数声明之前指定返回类型
返回类型: 整数
函数名: 计算平均值
参数: 数值列表

#在函数声明之后指定返回类型
函数名: 计算平均值
参数: 数值列表
```

返回类型：浮点数

3. 注释的使用

（1）解释代码意图：在关键代码部分添加注释，解释代码的意图和功能，以便其他开发者理解和维护代码。

（2）避免冗余注释：避免添加过多的冗余注释，注释应该重点关注代码的目的和关键逻辑。

示例：

```
#计算平均值的函数
函数名：计算平均值
参数：数值列表
返回类型：浮点数

#初始化变量 sum 为 0
变量名：sum = 0
#遍历数值列表并累加到 sum
循环：数值 从 数值列表
sum = sum + 数值
#计算平均值并返回结果
返回：sum / 数值列表的长度
```

通过遵循这些语法规则和约定，可以使指令编写更加一致、易读和易于维护。这有助于降低代码错误的风险，并使其他开发者能够更好地理解和协作开发指令。

3.2.2 数据类型和数据结构

在指令编写中，数据类型和数据结构对于处理和操作数据是至关重要的。下面介绍一些常见的数据类型和数据结构。

（1）整数(integer)：用于表示整数值，可以进行基本的数学运算，如加法、减法、乘法和除法等。在指令中，整数通常用于计数、索引和存储整数数据。

示例：

```
变量名：年龄 = 25
变量名：计数 = 0
变量名：索引 = 3
```

（2）浮点数(float)：用于表示带有小数点的数值，可以进行与整数类似的数学运算。在指令中，浮点数通常用于存储和计算实数数据。

示例：

```
变量名：价格 = 9.99
变量名：比率 = 0.5
```

（3）字符串(string)：用于表示文本数据，由字符序列组成。在指令中，字符串常用于存储和处理文本信息。

示例：

```
变量名：姓名 = "张三"
变量名：信息 = "欢迎使用指令编程!"
```

（4）数组(array)：用于存储一组有序的数据元素，可以通过索引访问和操作数组中的元素。在指令中,数组常用于存储和处理多个相同类型的数据。

示例:

```
变量名:数字列表 = [1, 2, 3, 4, 5]
变量名:姓名列表 = ["张三", "李四", "王五"]
```

(5) 字典(dictionary):用于存储键值对的数据结构,每个键与一个值相关联。在指令中,字典常用于存储和检索具有特定关联的数据。

示例:

```
变量名:学生信息 = {"姓名": "张三", "年龄": 18, "性别": "男"}
变量名:课程成绩 = {"数学": 90, "英语": 85, "物理": 92}
```

以上是一些常见的数据类型和数据结构,它们在指令编写中起着重要的作用。通过正确地使用和操作这些数据类型和数据结构,可以处理和管理不同类型的数据,实现各种功能和任务。在与 ChatGPT 进行应用开发时,确保使用适当的数据类型和数据结构,可以提高指令的准确性和可靠性。

3.2.3 语义解析和分析

语义解析和分析是指令编程中的重要步骤,它们用于理解指令的意图并将其转化为可执行的代码。这一过程涉及对指令进行语义分析、验证和逻辑推理,以确保生成的代码具有正确的逻辑性和合理性。在与 ChatGPT 进行应用软件开发时,语义解析和分析帮助开发人员将自然语言指令转化为可操作的代码,从而实现应用程序的开发和定制。

在进行语义解析和分析时,以下技术和方法可以帮助开发人员提高效率和准确性。

(1) 自然语言处理:使用自然语言处理技术来分析和理解指令中的自然语言文本。NLP 技术包括词法分析、句法分析、语义角色标注等,可以帮助提取指令中的关键信息和结构。

(2) 实体识别和解析:通过实体识别技术,可以从指令中提取出具体的实体,如函数名称、变量名、数据类型等。实体解析则用于对这些实体进行分类和处理,以便后续的代码生成和执行。

(3) 语法规则和约定:定义指令编写的语法规则和约定,以确保指令的一致性和易读性。这些规则可以包括标识符的命名规范、函数和变量的声明方式、注释的使用等。通过遵循统一的语法规则,可以减少歧义和错误的发生。

(4) 逻辑推理和验证:对指令进行逻辑推理和验证,以确保生成的代码在语义上是正确的和合理的。这可以包括检查函数的输入和输出是否匹配,判断条件语句的正确性,处理循环和递归的边界条件等。

(5) 基于模板的生成:使用基于模板的方法来生成代码片段。通过预定义的代码模板和结构,可以快速生成符合指令要求的代码。模板可以包括常用的函数定义、条件语句、循环结构等,以提高开发效率。

下面是一个示例,展示如何通过语义解析和分析将指令转化为可执行的代码。

```
指令:创建一个名为 sort 的函数,接收一个列表参数 lst,并返回按升序排列的列表。
```

语义解析和分析:

（1）提取关键信息：函数名为 sort，参数为 lst（列表类型）。

（2）确定操作：排序 lst 列表的元素，按升序排列。

（3）生成代码：

```
def sort(lst):
    sorted_lst = sorted(lst)
    return sorted_lst
```

在上述示例中，通过语义解析和分析，成功地将指令转化为了可执行的代码。首先，提取了函数名称和参数信息。然后，根据指令的意图，使用内置的 sorted 函数对列表进行排序，并将排序后的列表返回。

通过语义解析和分析，开发人员可以确保生成的代码与指令的意图一致，并使代码具有正确的逻辑性和合理性。这样可以避免代码错误和逻辑缺陷，并提高应用程序的开发效率。

需要注意的是，语义解析和分析在实际应用中可能涉及更复杂的技术和方法。具体的实现取决于开发人员的需求和应用场景。同时，与 ChatGPT 进行应用软件开发时，也需要考虑模型的能力和限制，以便进行合理的语义解析和分析。

3.3 常用指令模式与用法

3.3.1 控制流指令

在指令编写中，控制流指令是关键的元素，用于实现复杂的逻辑控制和流程控制。通过合理的控制流指令的编写，开发人员可以实现与 ChatGPT 的交互，并获得符合预期的应用程序代码。

以下是一些指导原则和技巧，以帮助编写有效的控制流指令。

1. 条件语句

条件语句允许基于不同的情况执行不同的操作。在编写条件语句时，要尽量考虑各种可能的情况，并提供相应的处理逻辑。确保在条件语句中涵盖所有可能的情况，以便 ChatGPT 可以根据不同的条件提供正确的回复。

示例：

```
指令：如果用户输入包含关键词"帮助"，则回复帮助信息；否则，回复其他信息。
```

ChatGPT 回复：

（1）用户输入包含关键词“帮助”：显示帮助信息。

（2）用户输入不包含关键词“帮助”：回复其他信息。

2. 循环语句

循环语句允许重复执行某个操作，直到满足特定条件为止。在编写循环语句时，要明确循环的起始条件和终止条件，以避免无限循环。确保在循环中提供适当的条件判断，以便 ChatGPT 在满足条件时终止循环。

示例：

```
指令：循环 5 次，每次回复用户的消息。
```

ChatGPT 回复：

(1) 第 1 次循环：回复用户的消息。

(2) 第 2～4 次循环：回复用户的消息。

(3) 第 5 次循环：回复用户的消息。

3. 跳转语句

跳转语句允许在程序中跳过一部分代码或重定向执行流程。在编写跳转语句时，要确保跳转的目标是合理的，并避免过多的跳转，以保持代码的可读性和维护性。

示例：

指令：如果用户选择菜单项 1/2/3，则执行对应功能 1/2/3；否则，回复无效的选择。

ChatGPT 回复：

(1) 用户选择菜单项 1：执行功能 1。

(2) 用户选择菜单项 2：执行功能 2。

(3) 用户选择菜单项 3：执行功能 3。

(4) 用户未选择菜单项 1/2/3：回复无效的选择。

通过合理运用条件语句、循环语句和跳转语句等控制流指令，可以编写准确、清晰、可读性强的指令，并获得符合预期的应用程序代码。在编写指令时，建议考虑各种可能的情况和输入，确保程序逻辑的完备性和鲁棒性，以提高应用程序的质量和开发效率。

在指令编程中，ChatGPT 的回复通常作为代码生成的一部分。可以根据 ChatGPT 的回复内容，将其解析为相应的代码结构，并生成对应的 Python 代码。

以下是一个简单的示例，展示如何将 ChatGPT 的回复转换为 Python 代码。

```
def process_menu_choice(choice):
    if choice == 1:
        # 执行功能 1 的代码
        pass
    elif choice == 2:
        # 执行功能 2 的代码
        pass
    elif choice == 3:
        # 执行功能 3 的代码
        pass
    else:
        # 回复无效的选择的代码
        pass
```

通过将 ChatGPT 的回复与预定义的代码模板结合起来，可以生成包含具体功能实现的 Python 代码。根据具体的应用场景和需求，可以扩展这个示例并添加更多的功能和逻辑。

需要注意的是，在实际编写代码时，可能需要更具体的上下文和逻辑来生成准确的代码，包括定义函数的参数、调用其他函数、处理数据等。因此，根据 ChatGPT 的回复来生成代码需要结合实际情况进行适当的调整和修改。

3.3.2 函数和模块指令

在指令编程中，经常会使用函数和模块指令，包括函数的定义、参数传递、返回值，模块的导入和调用等,以便在指令中实现代码的模块化和复用性。通过准确编写函数和模块指令的描述,可以与 ChatGPT 进行交互,实现应用程序的开发。

1. 函数指令

当需要 ChatGPT 生成特定功能的代码时,可以提供函数的描述和要求。这些描述应该包括函数的名称、参数、返回值和具体的功能。下面是一个函数指令的示例。

指令:创建一个名为 calculate_circle_area 的函数,接收一个参数 radius,并返回计算出的圆的面积。

ChatGPT 可以解析这个指令,生成相应的代码如下。

```
def calculate_circle_area(radius):
    pi = 3.14159
    area = pi * radius ** 2
    return area
```

在上述示例中,指令只提供了函数的描述,而 ChatGPT 根据指令的要求生成了相应的代码。通过这种方式,可以根据需要编写准确的函数指令,让 ChatGPT 生成所需的代码。

2. 模块指令的编写

模块指令用于描述导入和调用模块的操作。下面是一个模块指令的示例。

指令:导入名为 math 的数学模块。

ChatGPT 可以解析这个指令,生成相应的代码如下。

```
import math
```

通过正确编写模块指令,可以引入所需的模块,并在后续的指令中使用它们提供的功能。

当涉及更为复杂的函数指令时,可以提供更多的详细描述和要求,以便 ChatGPT 生成更复杂的代码。下面是一个扩展的示例。

指令:创建一个名为 calculate_sales_tax 的函数,接收两个参数 price 和 tax_rate,并返回计算出的含税价格。在函数内部,应将 price 与 tax_rate 相乘,并将结果返回。

ChatGPT 可以解析这个指令,生成相应的代码如下。

```
def calculate_sales_tax(price, tax_rate):
    tax = price * tax_rate
    total_price = price + tax
    return total_price
```

在上述示例中,指令提供了更多详细的描述,包括函数的名称、参数和具体的功能。ChatGPT 根据这些描述生成了相应的代码,实现了计算含税价格的功能。

对于模块指令,可以进一步描述需要导入的模块,以及模块中的函数和方法。下面是一个扩展的示例。

指令:从名为 numpy 的模块中导入函数 mean 和 std。

ChatGPT 会生成相应的代码如下。

```
import numpy
#使用 numpy 模块中的 mean 和 std 函数
numpy.mean()
```

```
numpy.std()
```

通过提供更详细的模块指令，可以精确地指定需要导入的模块和需要使用的函数或方法。

无论是函数指令还是模块指令，都可以根据需要提供更复杂的描述。对于函数指令，可以描述函数的参数类型、返回值类型和内部逻辑。对于模块指令，可以描述需要使用的特定函数、方法和类。ChatGPT 会根据这些描述生成相应的代码，以满足实际应用需求。

3.3.3 输入和输出指令

在应用程序开发中，处理用户输入和输出数据是非常重要的。输入指令用于读取用户输入数据，而输出指令用于显示结果或将数据保存到文件中。通过准确编写输入和输出指令，可以与 ChatGPT 进行交互，并处理各种数据。

1. 读取用户输入

输入指令通常用于获取用户提供的数据，包括描述用户需要输入的数据类型、提示信息和输入方式等。下面是一个输入指令的示例。

指令：从用户端获取两个整数，分别为 num1 和 num2。

ChatGPT 可以生成的代码如下。

```
num1 = int(input("请输入第一个整数:"))
num2 = int(input("请输入第二个整数:"))
```

在上述示例中，ChatGPT 根据指令生成了代码，使用 input 函数读取用户输入的两个整数，并将其存储在变量 num1 和 num2 中。

2. 显示输出结果

输出指令用于将计算结果或其他信息显示给用户，包括描述需要输出的数据类型、提示信息和输出方式等。下面是一个输出指令的示例。

指令：显示计算出的圆的面积，保留两位小数。

ChatGPT 生成的代码如下。

```
area = calculate_circle_area(radius)
print(f"圆的面积为:{area:.2f}")
```

在上述示例中，ChatGPT 调用了一个名为 calculate_circle_area 的函数来计算圆的面积，并使用 print 函数将结果输出给用户。使用格式化字符串，可以保留两位小数并将结果显示在提示信息中。

3. 文件的读/写操作

除了与用户的交互外，应用程序可能还需要读取和写入文件。文件相关指令包括描述文件的路径、打开方式和数据类型等。下面是一个文件相关指令的示例。

指令：从名为 data.txt 的文件中读取整数数据，并将计算结果写入名为 output.txt 的文件。

ChatGPT 生成的代码如下。

```
#读取文件中的整数数据
with open("data.txt", "r") as file:
    data = [int(line) for line in file.readlines()]
```

```
#进行计算
result = perform_calculation(data)
#将结果写入文件
with open("output.txt", "w") as file:
    for item in result:
        file.write(str(item) + "\n")
```

在上述示例中,ChatGPT 根据指令生成了代码,使用 open 函数打开了 data.txt 文件,并按行读取其中的整数数据。然后,对这些数据进行计算,并将结果写入名为 output.txt 的文件中。

当涉及更复杂的输入和输出操作时,可以使用更多的指令来指导 ChatGPT 生成代码,以处理各种情况和需求。下面是一些更为复杂的输入和输出指令的示例。

(1) 文件的逐行读取和写入。

> 指令: 从名为 input.txt 的文件中逐行读取数据,并将处理后的结果按行写入名为 output.txt 的文件。

ChatGPT 生成的代码如下。

```
#逐行读取文件
with open("input.txt", "r") as input_file:
    lines = input_file.readlines()
#处理数据
result = process_lines(lines)
#将处理后的结果写入文件
with open("output.txt", "w") as output_file:
    for item in result:
        output_file.write(item + "\n")
```

在上述示例中,ChatGPT 根据指令生成了代码,使用 open 函数打开了 input.txt 文件,并使用 readlines 方法逐行读取文件中的数据。然后,对这些数据进行处理,并将处理后的结果按行写入名为 output.txt 的文件中。

(2) 用户交互式输入。

> 指令: 实现一个简单的用户交互,询问用户姓名和年龄,并将其保存到变量中。

ChatGPT 生成的代码如下。

```
name = input("请输入您的姓名:")
age = int(input("请输入您的年龄:"))
```

在上述示例中,ChatGPT 根据指令生成了代码,使用 input 函数获取用户的姓名和年龄,并将其保存到变量 name 和 age 中。用户可以在命令行界面中输入相应的信息。

(3) 输出结果的格式化。

> 指令: 将计算得到的结果按照一定格式输出,包括标题和表格等。

ChatGPT 生成的代码如下。

```
#打印标题
print("计算结果如下:")
#打印表头
print("编号\t姓名\t年龄")
#打印数据
```

```
for i, person in enumerate(people):
    print(f"{i+1}\t{person['name']}\t{person['age']}")
```

在上述示例中,ChatGPT根据指令生成了代码,使用print函数按照指定的格式输出计算结果。代码中使用制表符和字符串格式化,将数据以表格的形式进行显示。

通过编写准确的输入和输出指令,可以指导ChatGPT生成代码,以处理更为复杂的输入和输出操作。通过与ChatGPT进行交互,可以实现应用程序开发中的各种输入和输出需求。

3.4 处理用户输入与输出

3.4.1 用户输入的处理

在应用程序开发中,处理用户输入是非常常见和重要的任务。通过合理处理用户输入,可以使程序具备交互性和适应性,能够根据用户的需求进行相应的操作。本节将介绍处理用户输入的常用技术和方法,包括命令行参数解析、交互式输入和文件输入。

1. 命令行参数解析

命令行参数是指在运行程序时,通过命令行传递给程序的参数。通过解析命令行参数,程序可以根据不同的参数执行相应的操作。在Python中,可以使用argparse库来处理命令行参数。

指令:实现一个命令行工具,接收--input和--output参数,用于指定输入文件和输出文件。

ChatGPT生成的代码如下。

```
import argparse
#创建解析器
parser = argparse.ArgumentParser()
#添加参数
parser.add_argument("--input", help="输入文件路径")
parser.add_argument("--output", help="输出文件路径")
#解析命令行参数
args = parser.parse_args()
#使用参数进行操作
input_file = args.input
output_file = args.output
#执行相应的操作
process_data(input_file, output_file)
```

在上述示例中,ChatGPT根据指令生成了代码,使用argparse库创建了一个命令行参数解析器,并添加了--input和--output参数。然后,通过parse_args()方法解析命令行参数,并将参数的值保存到相应的变量中。最后,可以使用这些参数进行操作,如调用process_data()函数处理数据。

2. 交互式输入

交互式输入是指程序与用户之间进行实时交互,程序会根据用户的输入做出相应的响应。在Python中,可以使用input()函数来获取用户的输入。

指令:编写一个程序,要求用户输入姓名和年龄,并打印出用户的信息。

ChatGPT 生成的代码如下。

```
#获取用户输入
name = input("请输入您的姓名:")
age = int(input("请输入您的年龄:"))
#打印用户信息
print(f"您的姓名是:{name}")
print(f"您的年龄是:{age}岁")
```

在上述示例中,ChatGPT 根据指令生成了代码,使用 input()函数获取用户的姓名和年龄,并将其保存到变量 name 和 age 中。然后,使用 print()函数打印出用户的姓名和年龄信息。

3. 文件输入

在某些情况下,用户可能会将输入数据保存在文件中,并希望程序能够读取和处理这些文件。在 Python 中,可以使用文件操作函数来读取文件中的数据。

指令:编写一个程序,从文件中读取数据并进行处理。

ChatGPT 生成的代码如下。

```
#打开文件
with open("input.txt", "r") as file:
    #读取文件内容
    data = file.read()
#处理数据
result = process_data(data)
#将结果写入文件
with open("output.txt", "w") as file:
    file.write(result)
```

在上述示例中,ChatGPT 根据指令生成了代码,使用 open()函数打开名为 input.txt 的文件,并以只读模式读取文件内容并保存到变量 data 中。然后,通过调用 process_data 函数对数据进行处理,并将处理结果保存到变量 result 中。最后,使用 open()函数打开名为 output.txt 的文件,并以写入模式将结果写入文件中。

通过以上的示例可以看出,在指令编程中需要合理编写指令,以此让 ChatGPT 生成对应的代码来处理用户输入数据,包括命令行参数解析、交互式输入和文件输入。这样的指令编程方式可以提高开发效率,并使开发人员能够更灵活地与 ChatGPT 进行应用程序开发交互。

3.4.2 用户输出的处理

在应用程序开发中,经常会使用处理用户输出的技术和方法,包括格式化输出、错误处理、日志记录等,以便在指令中有效地呈现结果并处理异常情况。

当处理用户输出时,可以在指令中使用特定的格式和描述内容来指导 ChatGPT 生成相应的代码。下面通过示例讲解如何使用指令编程来处理用户输出。

指令:
格式化输出:将结果格式化为指定的格式,并输出给用户。
错误处理:如果发生错误,则执行特定的错误处理操作,并向用户提供相应的错误信息。
日志记录:记录输出结果和错误信息,以便进行故障排除和日志分析。
指令描述:给定一个数字 n,计算 n 的平方根,将结果格式化为保留小数点后两位的浮点数,并将结果输出给用户。如果计算过程中出现错误,如 n 为负数,则输出错误提示信息,并将输出结果和错误信息记录到日志文件中。

根据以上指令,可以生成相应的 Python 代码。

```
import math
import logging
#配置日志记录
logging.basicConfig(filename = 'app.log', level = logging.INFO)

try:
    #用户输出的处理
    n = float(input("请输入一个数字:"))
    if n < 0:
        raise ValueError("输入的数字不能为负数")
    #格式化输出结果
    result = math.sqrt(n)
    output = f"计算结果:{result:.2f}"
    print(output)
    #记录日志
    logging.info(output)
except ValueError as ve:
    #错误处理
    print(str(ve))
    logging.error(str(ve))
except Exception as e:
    #错误提示
    print("发生了错误:", str(e))
    logging.exception("发生了错误")
finally:
    #清理工作,如关闭文件、释放资源等
    pass
```

通过以上示例,可以看到指令编程的方式。在指令中,明确了需要进行格式化输出、错误处理和日志记录。ChatGPT 根据这些指令生成了相应的代码,实现了处理用户输出的逻辑。代码中包含了用户输入、错误处理、格式化输出、日志记录等部分,以满足在指令中描述的需求。

这种指令编程的方式使得开发人员能够通过与 ChatGPT 的对话来编写应用程序代码,提高了开发效率并减少了编码的工作量。同时,指令编程还可以确保生成的代码符合期望,实现了有效的用户输出处理和异常情况的处理。

3.4.3 数据验证和过滤

在应用程序开发中,经常会使用数据验证和过滤的技术和方法,包括输入合法性检查、数据清洗和转换等,以确保输入数据的准确性和完整性。

当涉及用户输入的数据验证和过滤时,可以使用指令编程的方式来指导 ChatGPT 生成相应的代码。下面通过示例讲解如何使用指令编程来进行数据验证和过滤。

> 指令:
> 数据验证:对用户输入进行验证,确保输入数据的合法性和完整性。
> 数据过滤:清洗和转换输入数据,使其符合特定的要求和格式。
> 指令描述:用户输入一个年龄,验证年龄是否在有效范围内(18 岁及以上),如果不在范围内,则输出错误提示信息。对于合法的年龄,将其转换为整数类型并输出给用户。

根据以上指令,可以生成相应的 Python 代码。

```
try:
    #数据验证
    age = input("请输入年龄:")
    if not age.isdigit():
        raise ValueError("年龄必须是一个正整数")
    age = int(age)
    if age < 18:
        raise ValueError("年龄必须大于或等于 18 岁")
    #数据过滤
    #执行其他操作或计算
    #输出合法的年龄
    print("合法的年龄:", age)
except ValueError as ve:
    #错误处理
    print(str(ve))
```

在以上示例中,根据指令编写了代码来验证用户输入的年龄,并进行数据过滤和转换。代码首先验证输入是否为一个正整数,如果不是,则抛出相应的错误。然后,对合法的年龄进行数据过滤,如执行其他操作或计算。最后,输出合法的年龄给用户。

通过指令编程的方式,可以精确指导 ChatGPT 生成适当的代码来验证和过滤用户输入的数据。这种方式能够确保输入数据的合法性和完整性,并提供错误处理机制来处理不符合要求的情况。指令编程的优势在于能够以自然语言的形式与 ChatGPT 进行对话,从而实现更高效的应用程序开发。

3.5 指令优化和性能调优

3.5.1 指令优化技巧

在应用程序开发中,经常会使用一些指令优化技巧,如减少循环次数、避免重复计算、使用高效的数据结构等,以提高指令的执行效率和性能。下面通过示例讲解如何使用指令优化技巧。

> 指令:
> 代码优化:优化指令以提高代码执行效率和性能。
> 指令描述:优化一个计算过程,减少循环次数,避免重复计算,并使用高效的数据结构。
> 输入:数据集(如一个列表)。
> 输出:优化后的计算结果。

上述指令描述了一个计算过程的优化,可以根据这个描述生成相应的 Python 代码。

```
#原始的计算过程
def original_computation(data):
    result = 0
    for item in data:
        result += item * item
    return result
#优化后的计算过程
def optimized_computation(data):
    result = sum(item * item for item in data)
    return result
#输入数据集
```

```
data = [1, 2, 3, 4, 5]
#执行原始的计算过程
original_result = original_computation(data)
print("原始结果:", original_result)
#执行优化后的计算过程
optimized_result = optimized_computation(data)
print("优化结果:", optimized_result)
```

在以上示例中,根据指令编写了两个函数:original_computation 和 optimized_computation。原始的计算过程使用循环遍历数据集,对每个元素进行平方操作,并将结果累加到一个变量中。优化后的计算过程使用了生成器表达式和 sum 函数来计算平方和,避免了显式的循环和累加操作。

通过指令编程,可以明确指导 ChatGPT 生成高效的代码,使用更优化的计算方式来提高执行效率和性能。指令中的描述内容可以包括具体的优化技巧,如减少循环次数、避免重复计算和选择适当的数据结构等。这样的优化指令能够帮助开发人员更好地利用 ChatGPT 生成高效的代码,从而提升应用程序的性能。

3.5.2 内存管理和资源利用

在应用程序开发中,经常会使用内存管理和资源利用的方法,包括合理使用内存、释放资源、避免内存泄露等,以确保指令在执行过程中的稳定性和效率。下面通过示例讲解如何使用内存管理和资源利用的方法。

指令:
内存管理:优化指令以合理使用内存和释放资源。
指令描述:实现一个有效的内存管理策略,包括内存分配、释放资源和避免内存泄漏等。
输入:数据集(如一个大型列表)。
输出:执行过程中的稳定性和效率。

上述指令描述了内存管理和资源利用的方法,可以根据这个描述生成相应的 Python 代码。

```
#内存管理指令的示例代码
import random
#优化前的代码,存在内存泄露问题
def generate_random_numbers(n):
    numbers = []
    for _ in range(n):
        numbers.append(random.randint(1, 100))
    return numbers
#优化后的代码,显式释放资源
def generate_random_numbers_optimized(n):
    numbers = []
    for _ in range(n):
        numbers.append(random.randint(1, 100))
    del numbers
    return
#生成大量的随机数列表
generate_random_numbers(1000000)                    #内存泄露
generate_random_numbers_optimized(1000000)          #优化后的代码,显式释放资源
```

在以上示例中,定义了两个函数:generate_random_numbers 和 generate_random_

numbers_optimized。在优化前的代码中,每次生成随机数都会将其添加到一个列表中,但没有显式释放列表的内存,导致出现内存泄露问题。在优化后的代码中,在使用完列表后,使用 del 语句显式地释放了内存,避免了内存泄露。

通过指令编程,可以明确告诉 ChatGPT 在生成代码时要注意内存管理和资源利用的方法。指令中的描述内容可以包括合理使用内存、释放资源、避免内存泄露等方面的指导。这样的指令能够帮助开发人员在应用程序中实现有效的内存管理策略,提高执行过程的稳定性和效率,并避免因为资源泄露而导致的性能问题。

3.5.3 并发和并行处理

在应用程序开发中,经常会使用并发和并行处理的技术和方法,包括多线程、多进程、异步编程等,以提高指令的并发能力和运行效率。下面通过示例讲解如何使用并发和并行处理的技术和方法。

> 指令:
> 并发和并行处理:优化指令以实现并发和并行处理,提高指令的并发能力和运行效率。
> 指令描述:使用多线程、多进程、异步编程等技术和方法,以提高指令的并发能力和运行效率。
> 输入:需要处理的任务。
> 输出:指令的并发能力和运行效率。

上述指令描述了并发和并行处理的技术和方法,可以根据这个描述生成相应的 Python 代码。

```
#并发和并行处理指令的示例代码
import threading
import multiprocessing
import asyncio
#多线程示例
def run_in_threads(tasks):
    threads = []
    for task in tasks:
        thread = threading.Thread(target = task)
        thread.start()
        threads.append(thread)

    for thread in threads:
        thread.join()
#多进程示例
def run_in_processes(tasks):
    processes = []
    for task in tasks:
        process = multiprocessing.Process(target = task)
        process.start()
        processes.append(process)

    for process in processes:
        process.join()
#异步编程示例
async def run_async(tasks):
    await asyncio.gather( * tasks)
#示例任务函数
```

```
def task1():
    #执行任务 1 的代码
def task2():
    #执行任务 2 的代码
def task3():
    #执行任务 3 的代码
#并发执行多线程任务
run_in_threads([task1, task2, task3])
#并发执行多进程任务
run_in_processes([task1, task2, task3])
#并发执行异步编程任务
asyncio.run(run_async([task1(), task2(), task3()]))
```

在以上示例中，演示了多线程、多进程和异步编程任务。通过多线程和多进程，可以实现任务的并行处理，从而提高指令的并发能力和运行效率。异步编程则允许在执行 IO 密集型任务时不阻塞主线程，提高了程序的响应性能。

通过指令编程，可以明确告诉 ChatGPT 要使用多线程、多进程或异步编程等技术来实现并发和并行处理。指令中的描述内容可以包括选择适当的并发处理方式、实现任务的并行执行等方面的指导。这样的指令能够帮助开发人员优化指令，提高指令的并发能力和运行效率，从而更好地应对并发场景和提升程序性能。

3.6 错误处理和调试

3.6.1 异常处理

异常处理是指在程序执行过程中遇到错误或异常情况时，采取相应的处理措施以保证程序的正常执行。在应用程序开发中，经常会使用异常处理的方法和技巧，包括捕获和处理异常、错误消息的输出和记录等，以便在指令中正确处理异常情况和错误。

在处理异常时，常用的方法是使用 try-except 语句块来捕获异常并执行相应的处理逻辑。指令可以指导 ChatGPT 生成 try-except 语句块的代码，并描述捕获的异常类型及对应的处理逻辑。此外，指令还可以描述如何输出错误消息和记录异常信息，以便在代码调试和错误排查时提供有用的信息。

下面是异常处理指令的格式与描述内容。

```
指令：
异常处理：捕获和处理异常，输出错误消息和记录异常信息。
指令描述：使用 try-except 语句块捕获指定的异常类型，并执行相应的处理逻辑。输出错误消息以提供有用的错误提示。记录异常信息以便进行错误排查和调试。
输入：需要执行的代码块，指定的异常类型，错误消息。
输出：异常处理的结果。
```

异常处理的指令描述了在代码中使用 try-except 语句块捕获和处理指定的异常类型，以及输出错误消息和记录异常信息的步骤。指令通过提供需要执行的代码块、指定的异常类型和错误消息来指导 ChatGPT 生成相应的代码。

下面通过示例讲解如何使用指令编写异常处理的代码。

```
#异常处理指令的示例代码
try:
```

```
    # 执行需要处理的代码块
    # 可能会引发指定的异常类型
    # …
    pass
except ExceptionType as e:
    # 处理捕获的异常
    # 执行相应的处理逻辑
    # …
    print("发生异常:", e)
    # 输出错误消息,提供有用的错误提示
    # 记录异常信息
    # …
    logging.error("发生异常:", exc_info = True)
```

在以上示例中,使用了try-except语句块来捕获指定的异常类型,并在except块中执行相应的处理逻辑。在处理逻辑中,输出了错误消息以提供有用的错误提示,并使用日志记录工具记录了异常信息。这样的异常处理代码可以提高应用程序的稳定性和可维护性,帮助开发人员快速定位和解决问题。

在指令编程中,可以根据具体的需求和场景进行异常处理的定制。以下是一些常见的异常处理技巧和方法,可以根据需要在指令中描述并指导ChatGPT生成相应的代码。

(1) 捕获多个异常类型。

可以在try-except语句块中捕获多个异常类型,并为每种类型提供相应的处理逻辑。这样可以针对不同的异常情况执行不同的操作,增加代码的灵活性。

(2) 使用finally块。

可以在try-except语句块之后添加finally块,无论是否发生异常都会执行其中的代码。通常在finally块中释放资源或执行清理操作,以确保程序的正确运行。

(3) 自定义异常。

可以创建自定义的异常类,继承自内置的Exception类或其子类,用于表示特定的错误或异常情况。在指令中可以描述如何使用自定义异常并进行相应的处理。

(4) 错误消息和日志记录。

在异常处理过程中,可以输出错误消息以提供有用的错误提示,帮助用户理解和解决问题。同时,使用日志记录工具可以将异常信息记录到日志文件中,便于错误排查和调试。

指令编程可以结合上述技巧和方法,指导ChatGPT生成具有良好异常处理能力的代码。通过描述需要处理的异常类型、处理逻辑、错误消息和日志记录等内容,可以使生成的代码具备良好的容错性和可维护性。

注意: 在编写指令时,需要确保指令的准确性和清晰度,以便ChatGPT能够理解并生成正确的代码。同时,合理使用注释和文档,对异常处理的代码进行解释和说明,以提高代码的可读性和可理解性。

异常处理是指令编程中重要的一环,通过合理的异常处理技巧和方法,可以提高应用程序的稳定性、可维护性和可靠性。指令编程可以指导ChatGPT生成具有良好异常处理能力的代码,从而更高效地进行应用程序开发。

3.6.2 调试技巧和工具

在应用程序开发中,经常会使用调试技巧和工具,包括断点调试、日志调试、调试器的使用等，以便在开发过程中快速定位和解决问题。以下是一些常用的调试技巧和工具。

(1) 断点调试。

断点调试是一种常用的调试技巧，它允许开发人员在程序中设置断点，使程序在断点处暂停执行，以便观察变量的值、执行路径和程序状态。在指令中可以描述如何设置断点、观察和修改变量，并指导 ChatGPT 生成相应的代码。

(2) 日志调试。

日志调试是一种常用的调试方法，它将程序运行状态和关键信息记录到日志文件中。开发人员可以在指令中描述如何使用日志调试工具，并指导 ChatGPT 生成相应的代码来记录关键信息和调试信息。

(3) 调试器的使用。

调试器是一种强大的工具，可以帮助开发人员跟踪代码的执行过程，观察变量的值和执行路径，并提供各种调试功能。在指令中可以描述如何使用调试器，并指导 ChatGPT 生成相应的代码来执行调试器的功能。

(4) 输出调试信息。

在开发过程中，可以输出调试信息到控制台或日志文件中，以此辅助调试。在指令中可以描述如何输出调试信息，选择输出的级别和内容，并指导 ChatGPT 生成相应的代码来实现输出调试信息的功能。

指令编程可以结合上述调试技巧和工具，指导 ChatGPT 生成具有良好调试能力的代码。通过描述调试的方法、工具的使用和输出调试信息的方式，可以使生成的代码具备良好的调试性能，帮助开发人员快速定位和解决问题。

注意：在编写指令时，需要确保指令的准确性和清晰度，以便 ChatGPT 能够理解并生成正确的代码。同时，合理使用注释和文档，对调试相关的代码进行解释和说明，提高代码的可读性和可理解性。

调试技巧和工具在指令编程中起着重要的作用，通过合理使用这些技巧和工具，可以帮助开发人员快速定位和解决问题，提高开发效率和代码质量。指令编程可以指导 ChatGPT 生成具有良好调试能力的代码，从而更高效地进行应用程序开发。

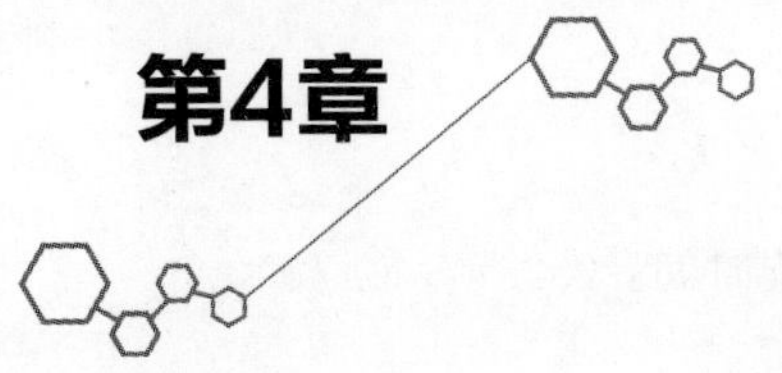

第4章 指令编程实践

本章将介绍在应用程序开发中如何使用指令与 ChatGPT 进行交互。指令编程实践包括交互式对话系统的开发、输入输出处理、数据验证和过滤、代码优化、错误处理和调试等实践内容。通过深入讲解指令编写方法,结合实际应用场景和开发技术,帮助开发人员利用 ChatGPT 实现高效、稳定和优化的应用程序开发。

4.1 交互式对话系统的开发

本节将介绍交互式对话系统的开发,通过具体的示例来构建智能助手应用程序,深入探讨如何设计对话流程和场景,以及如何处理用户的意图和上下文信息。同时,本节将提供一些针对特定任务的指令编写技巧,帮助读者编写准确的指令以实现所需的功能。通过本节的学习,读者将掌握开发交互式对话系统的关键技术和方法,进而构建出功能强大且用户友好的智能助手应用程序。

4.1.1 智能助手应用程序示例

本节将以智能助手应用程序为基础,展示交互对话系统的设计和实现过程。通过使用指令与 ChatGPT 进行交流,确定该应用程序的功能和特性,并创建一个初步的指令集来描述这些要求。指令集通常由两个以上的指令构成,用于实现更复杂的功能或模块。通过与 ChatGPT 的交互,逐步完善指令并获取生成的代码,以此进行系统的开发和实现。

1) 确定智能助手应用程序的功能和特性

假设智能助手应用程序是一个任务管理器,用户可以通过对话与助手交互来创建任务、查看任务列表、设置提醒等。

2) 编写准确的指令来描述这些功能

指令是与 ChatGPT 进行交流的关键,它们提供了明确的指导,让 ChatGPT 能够生成相应的代码。以下是智能助手应用程序的示例指令。

(1) 创建任务。

Prompt:[指令]创建任务[参数]任务名称:提醒我明天开会

(2) 查看任务列表。

Prompt：[指令]查看任务列表

(3) 设置提醒。

Prompt：[指令]设置提醒[参数]任务编号：1[参数]提醒时间：2023-05-30 10：00

3) 与 ChatGPT 进行交互

通过编写这些指令，向 ChatGPT 明确了应用程序的功能和要求。接下来，可以与 ChatGPT 进行交互，逐步完善这些指令，并获取生成的代码。

与 ChatGPT 进行交互时，可以询问 ChatGPT 关于每个指令的更多细节，如参数的验证、错误处理等。例如，可以询问 ChatGPT 如何验证任务名称的有效性，如何处理重复的任务名称等。

通过与 ChatGPT 的交互，可以获取生成的代码，其中包括与任务管理相关的函数和模块。这些代码可以是使用 Python 或其他编程语言编写的，具体取决于应用程序开发环境和需求。

4) 将生成的代码集成到应用程序中，并进行测试和调试

通过不断与 ChatGPT 进行交互和迭代，可以逐步完善智能助手应用程序的功能，并确保其能够满足用户需求。

通过指令的编写、与 ChatGPT 的交互，可以快速设计和实现智能助手应用程序的功能。这种指令编程的方法大大提高了开发效率，使得与 ChatGPT 的交流更加准确和高效。

以下是智能助手应用程序的示例代码。

```
#导入所需的模块和库
import datetime
#定义任务管理器类
class TaskManager:
    def __init__(self):
        self.tasks = []
    def create_task(self, task_name):
        #创建任务并添加到任务列表
        task = {
            'name': task_name,
            'created_at': datetime.datetime.now()
        }
        self.tasks.append(task)
        print(f'Task "{task_name}" created.')
    def view_task_list(self):
        #查看任务列表
        if len(self.tasks) == 0:
            print('No tasks found.')
        else:
            print('Task List:')
            for i, task in enumerate(self.tasks, start=1):
                print(f'{i}. {task["name"]}')
    def set_reminder(self, task_number, reminder_time):
        #设置任务提醒
        if task_number < 1 or task_number > len(self.tasks):
            print('Invalid task number.')
            return
```

```
            task = self.tasks[task_number - 1]
            task['reminder'] = reminder_time
            print(f'Reminder set for task "{task["name"]}" at {reminder_time}.')
#实例化任务管理器
task_manager = TaskManager()
#根据指令编写的代码
def process_instruction(instruction):
    parts = instruction.split()
    if parts[0] == '创建任务':
        #解析指令,获取任务名称
        task_name = ''.join(parts[1:]).strip()
        #调用任务管理器的创建任务方法
        task_manager.create_task(task_name)
    elif parts[0] == '查看任务列表':
        #调用任务管理器的查看任务列表方法
        task_manager.view_task_list()
    elif parts[0] == '设置提醒':
        #解析指令,获取任务编号和提醒时间
        task_number = int(parts[1])
        reminder_time = parts[2]
        #调用任务管理器的设置提醒方法
        task_manager.set_reminder(task_number, reminder_time)
#示例指令与代码生成
instruction_1 = '创建任务 提醒我明天开会'
process_instruction(instruction_1)
instruction_2 = '查看任务列表'
process_instruction(instruction_2)
instruction_3 = '设置提醒 1 2023-05-30 10:00'
process_instruction(instruction_3)
```

程序运行结果如下。

```
//————————————————
Task "提醒我明天开会" created.
Task List:
1. 提醒我明天开会
Reminder set for task "提醒我明天开会" at 2023-05-30

Process finished with exit code 0
//————————————————
```

以上示例代码演示了根据指令生成的任务管理器类和相关函数。在示例指令中,首先创建了一个名为“提醒我明天开会”的任务,然后查看了任务列表,并为任务编号为1的任务设置了提醒时间为“2023-05-30 10:00”。

注意:示例代码仅包含基本的功能实现,需要根据具体需求进一步扩展和完善。同时,为了保证代码的稳定性和安全性,还需要进行错误处理、用户输入验证等。

4.1.2 设计对话流程和场景

本节将介绍如何设计交互对话系统的对话流程和场景,讨论如何定义系统的起始状态和用户的输入方式,并规划系统如何根据用户的反馈和需求进行回应和引导。通过与ChatGPT的交互,可以通过指令的编写来设计对话流程和场景,确保系统能够根据用户的意图进行适当回应。

在设计对话流程和场景时，可以使用以下指令集。

```
指令：创建任务 [任务名称]。
描述：创建一个新的任务。
示例：创建任务 购物清单。

指令：查看任务列表。
描述：查看当前存在的任务列表。
示例：查看任务列表。

指令：设置提醒 [任务编号] [提醒时间]。
描述：为指定的任务设置提醒时间。
示例：设置提醒 1 2023-06-01 10:00。

指令：退出。
描述：退出应用程序。
示例：退出。
```

通过以上指令，用户可以与系统进行交互，并执行特定的操作。例如，用户可以创建新的任务、查看任务列表、设置提醒或退出应用程序。系统会根据用户的指令和需求进行回应。

下面通过编写对应的指令处理函数来实现相关功能，示例代码如下。

```python
tasks = []                                                  #任务列表
def create_task(instruction):
    """
    创建新任务
    """
    task_name = instruction.split('创建任务 ')[1]           #解析任务名称
    tasks.append(task_name)                                 #添加任务到列表
    print(f"任务 '{task_name}' 创建成功!")
def view_task_list():
    """
    查看任务列表
    """
    if len(tasks) == 0:
        print("当前没有任何任务。")
    else:
        print("任务列表:")
        for i, task in enumerate(tasks):
            print(f"{i+1}. {task}")
def set_reminder(instruction):
    """
    设置任务提醒
    """
    try:
        params = instruction.split('设置提醒 ')[1].split(' ')    #解析任务编号和提醒时间
        task_index = int(params[0]) - 1                     #任务编号从 1 开始,转换为列表索引
        reminder_time = params[1]
        if task_index >= 0 and task_index < len(tasks):
            task_name = tasks[task_index]
            print(f"为任务 '{task_name}' 设置提醒时间为 '{reminder_time}' 成功!")
```

```
            else:
                print("无效的任务编号。")
        except IndexError:
            print("无效的指令格式,请按照 '设置提醒 [任务编号] [提醒时间]' 的格式输入。")
# 主循环
while True:
    instruction = input("请输入指令:")
    if instruction.startswith('创建任务'):
        create_task(instruction)
    elif instruction == '查看任务列表':
        view_task_list()
    elif instruction.startswith('设置提醒'):
        set_reminder(instruction)
    elif instruction == '退出':
        print("应用程序已退出。")
        break
    else:
        print("无效的指令,请重新输入。")
```

程序运行结果如下。

```
//————————————————
请输入指令:创建任务 喝咖啡
任务 '喝咖啡' 创建成功!
请输入指令:召开商业项目会议
无效的指令,请重新输入。
请输入指令:创建任务 召开商业研讨会
任务 '召开商业研讨会' 创建成功!
请输入指令:创建任务 与朋友聚餐
任务 '与朋友聚餐' 创建成功!
请输入指令:查看任务列表
任务列表:
1. 喝咖啡
2. 召开商业研讨会
3. 与朋友聚餐
请输入指令:设置提醒 1 2023-6-4 14:00
为任务 '喝咖啡' 设置提醒时间为 '2023-6-4' 成功!
请输入指令:退出
应用程序已退出。

Process finished with exit code 0
//————————————————
```

通过运行以上代码,可以按照指令格式进行交互,并实现创建任务、查看任务列表、设置提醒和退出等功能。在指令处理函数中,根据指令的格式解析指令内容,并根据需求执行相应的操作。例如,创建任务时将任务名称添加到任务列表中,查看任务列表时打印当前任务列表,设置提醒时解析任务编号和提醒时间并进行相应的处理。用户可以不断输入指令进行操作,直到选择退出应用程序为止。

4.1.3　处理用户意图和上下文信息

本节将探讨如何处理用户的意图和上下文信息,并介绍一些常用的技术和方法,如自然语言处理和语义理解,以帮助系统准确地理解用户的意图和需求。通过与 ChatGPT 的交互,可以使用指令来描述用户意图的识别和上下文的管理,从而使系统能够更好地理解和响应用户的输入并提取关键信息。下面是具体的指令及相应的示例代码。

```
指令:识别意图 [用户输入]。
描述:识别用户输入的意图。
示例:识别意图 我想预订一张机票。

指令:管理上下文 [上下文信息]。
描述:管理对话中的上下文信息,以便更好地理解用户的意图和需求。
示例:管理上下文 {"task": "购物清单", "item": "牛奶"}。
```

在以上示例中,使用了两个指令来处理用户的意图和上下文信息。首先,通过指令"识别意图",可以将用户的输入作为参数,以便系统能够识别出用户的意图。这可以通过使用自然语言处理技术,如文本分类或命名实体识别来实现。在指令的处理函数中,可以调用相应的 NLP 模型或算法,对用户的输入进行分析和解析,以确定用户的意图。

然后,通过指令"管理上下文",可以在对话中管理上下文信息,以便更好地理解用户的意图和需求。上下文信息可以是一些关键的变量或状态,用于跟踪对话的进展和用户的意图。在指令的处理函数中,可以将上下文信息作为参数传递,并在系统中进行存储或更新。这样,系统就可以在后续的对话中使用这些上下文信息来理解用户的意图,并提供相应的响应或操作。

下面是使用 Python 实现以上指令功能需求的示例代码。

```python
import nltk
from nltk.tokenize import word_tokenize
from nltk.corpus import stopwords
stop_words = set(stopwords.words('english'))
def recognize_intent(instruction):
    """
    识别用户意图
    """
    user_input = instruction.split('识别意图 ')[1]          # 解析用户输入
    tokens = word_tokenize(user_input)                     # 分词
    tokens = [token.lower() for token in tokens if token.lower() not in stop_words]
                                                           # 去除停用词并转为小写
    # 根据分词结果进行意图识别的逻辑处理
    # 这里可以使用 NLP 技术、机器学习模型或其他方法来识别用户意图
    # 假设识别到的意图是 task_booking
    intent = "task_booking"
    print(f"用户意图:{intent}")
def manage_context(instruction):
```

注意:在直接运行上述代码时,会提示报错信息。这里提示的错误信息主要是与系统相关的数据的加载,是通过指令编程经常需要面对与处理的问题,并非因指令而造成的生成代码的错误。

提示报错信息时可能遇到的情况如下。

(1) 缺少了"stopwords"资源。

请按照错误提示中提供的指引,运行以下代码,下载所需资源。

```python
import nltk
nltk.download('stopwords')
```

运行这段代码将会下载"stopwords"资源到 NLTK 库中,然后需要重新运行之前的程序。

(2) 缺少 SSL 证书。

简单的处理方式:尝试禁用 SSL 证书验证。可以使用以下代码在程序开始时禁用 SSL 证书验证。

```
import ssl
ssl._create_default_https_context = ssl._create_unverified_context
```

注意:禁用 SSL 证书验证可能会带来安全风险,请在开发环境中谨慎使用。

(3) 缺少 NLTK 的 punkt 资源。

可以在代码的开头添加以下导入语句。

```
import nltk
nltk.download('punkt')
```

程序运行结果如下。

```
用户意图: task_booking
上下文信息: {'task': '购物清单', 'item': '牛奶'}
```

4.1.4 针对特定任务的指令编写技巧

本节将介绍针对特定任务的指令编写技巧,并以数据处理为例进行说明。数据处理是许多应用场景中常见的任务,包括数据清洗、转换、分析等。下面是针对数据处理任务的指令集。

```
指令: 加载数据 [文件路径]。
描述: 从指定的文件路径加载数据。
示例: 加载数据 data.csv。

指令: 查看数据。
描述: 显示当前加载的数据。
示例: 查看数据。

指令: 清洗数据。
描述: 对加载的数据进行清洗,如处理缺失值、去除重复项等。
示例: 清洗数据。

指令: 转换数据 [转换方式]。
描述: 对加载的数据进行指定的转换操作,如数据格式转换、特征提取等。
示例: 转换数据 特征提取。

指令: 保存数据 [文件路径]。
描述: 将处理后的数据保存到指定的文件路径。
示例: 保存数据 processed_data.csv。
```

通过与 ChatGPT 的交互,可以根据这些指令生成相应的代码来实现数据处理的功能。例如,加载数据可以使用 Python 的 Pandas 库来读取文件,清洗数据可以使用 Pandas 的数据清洗方法,转换数据可以根据指定的转换方式来进行相应的操作,保存数据可以使用 Pandas 将处理后的数据保存到文件中。

以下是根据上述指令集生成的示例代码。

```
import pandas as pd
data = None
def load_data(file_path):
    global data
    data = pd.read_csv(file_path)
    print("数据加载成功!")
def view_data():
    global data
    if data is not None:
        print(data)
    else:
        print("请先加载数据!")
def clean_data():
    global data
    if data is not None:
        #数据清洗逻辑
        cleaned_data = data.drop_duplicates()
        #更新数据
        data = cleaned_data
        print("数据清洗完成!")
    else:
        print("请先加载数据!")
def transform_data(transformation):
    global data
    if data is not None:
        #数据转换逻辑
        transformed_data = None
        if transformation == "特征提取":
            transformed_data = data.dropna()
        #更新数据
        data = transformed_data
        print("数据转换完成!")
    else:
        print("请先加载数据!")
def save_data(file_path):
    global data
    if data is not None:
        data.to_csv(file_path, index=False)
        print("数据保存成功!")
    else:
        print("请先加载数据!")
#示例指令
load_data("data.csv")
view_data()
clean_data()
transform_data("特征提取")
save_data("processed_data.csv")
```

在上述代码中,定义了几个函数来实现指令中描述的功能。load_data 函数用于加载数据,view_data 函数用于显示当前加载的数据,clean_data 函数用于清洗数据,transform_data 函数用于转换数据,save_data 函数用于保存数据。在每个函数中都需要进行判断,以确保数据已经加载。

运行该程序需要准备一个 data.csv 数据集，测试时从网络下载了一个 iris.data.csv 机器学习数据样本。

程序运行结果如下。

```
//————————————————
数据加载成功!
  1    5.1   3.5   1.4   0.2   Iris-setosa
  2    4.9   3.0   1.4   0.2   Iris-setosa
  3    4.7   3.2   1.3   0.2   Iris-setosa
  4    4.6   3.1   1.5   0.2   Iris-setosa
  5    5.0   3.6   1.4   0.2   Iris-setosa
  6    5.4   3.9   1.7   0.4   Iris-setosa
  …    …     …     …     …        …
144    6.7   3.0   5.2   2.3   Iris-virginica
145    6.3   2.5   5.0   1.9   Iris-virginica
146    6.5   3.0   5.2   2.0   Iris-virginica
147    6.2   3.4   5.4   2.3   Iris-virginica
148    5.9   3.0   5.1   1.8   Iris-virginica

[149 rows × 5 columns]
数据清洗完成!
数据转换完成!
数据保存成功!
//————————————————
```

此时生成了一个 processed_data.csv 文件，数据存储其中，部分截图如图 4-1 所示。

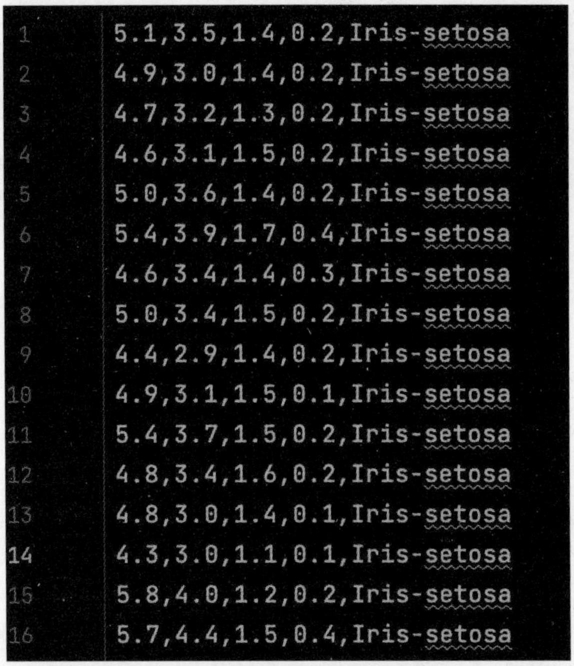

```
1   5.1,3.5,1.4,0.2,Iris-setosa
2   4.9,3.0,1.4,0.2,Iris-setosa
3   4.7,3.2,1.3,0.2,Iris-setosa
4   4.6,3.1,1.5,0.2,Iris-setosa
5   5.0,3.6,1.4,0.2,Iris-setosa
6   5.4,3.9,1.7,0.4,Iris-setosa
7   4.6,3.4,1.4,0.3,Iris-setosa
8   5.0,3.4,1.5,0.2,Iris-setosa
9   4.4,2.9,1.4,0.2,Iris-setosa
10  4.9,3.1,1.5,0.1,Iris-setosa
11  5.4,3.7,1.5,0.2,Iris-setosa
12  4.8,3.4,1.6,0.2,Iris-setosa
13  4.8,3.0,1.4,0.1,Iris-setosa
14  4.3,3.0,1.1,0.1,Iris-setosa
15  5.8,4.0,1.2,0.2,Iris-setosa
16  5.7,4.4,1.5,0.4,Iris-setosa
```

图 4-1 processed_data.csv 文件

可以根据需要进一步完善上述代码中的函数逻辑，以实现更复杂的数据处理功能。

通过编写针对特定任务的指令，并生成相应的代码，可以实现灵活、可定制的功能，以满足不同任务的需求。这种指令编写技巧可以帮助用户快速开发特定任务的功能，并提高编程效率。

4.2 自然语言处理应用程序的开发

4.2.1 文本分类和情感分析

本节将探讨如何开发自然语言处理应用程序中的文本分类和情感分析功能。文本分类是将文本数据分为不同类别的任务，而情感分析则是确定文本中的情感倾向，如正面、负面或中性。下面将介绍文本分类和情感分析的基本概念及方法，并使用指令集来定义和实现相关功能。

```
指令：加载数据 [数据文件]。
描述：从给定的数据文件中加载文本数据。
示例：加载数据 data.csv。

指令：预处理数据。
描述：对加载的文本数据进行预处理，如分词、去除停用词等。
示例：预处理数据。

指令：训练模型。
描述：使用预处理后的数据训练文本分类和情感分析模型。
示例：训练模型。

指令：分类文本 [文本内容]。
描述：对给定的文本内容进行分类，并输出分类结果。
示例：分类文本"这部电影非常精彩"。

指令：分析情感 [文本内容]。
描述：对给定的文本内容进行情感分析，并输出情感倾向。
示例：分析情感"这个产品令人失望"。
```

通过与 ChatGPT 的交互，可以使用上述指令集来加载数据、预处理数据和训练模型，以此进行文本分类和情感分析。根据指令可以生成相应的代码，并逐步实现自然语言处理应用程序中的文本分类与情感分析功能。

以下是根据上述指令集生成的 Python 示例代码。

```
import pandas as pd
import nltk
from nltk.corpus import stopwords
from nltk.tokenize import word_tokenize
from sklearn.feature_extraction.text import TfidfVectorizer
from sklearn.naive_bayes import MultinomialNB
from sklearn.metrics import classification_report
# 加载数据
def load_data(file_path):
    data = pd.read_csv(file_path)
    return data
# 预处理数据
def preprocess_data(data):
    stop_words = set(stopwords.words('english'))
```

```
    data['processed_text'] = data['text'].apply(lambda x: ''.join([word for word in word_
tokenize(x) if word.lower() not in stop_words]))
    return data
#训练模型
def train_model(data):
    vectorizer = TfidfVectorizer()
    X = vectorizer.fit_transform(data['processed_text'])
    y = data['label']
    model = MultinomialNB()
    model.fit(X, y)
    return vectorizer, model
#分类文本
def classify_text(text, vectorizer, model):
    stop_words = set(stopwords.words('english'))
    processed_text = ''.join([word for word in word_tokenize(text) if word.lower() not in
stop_words])
    X = vectorizer.transform([processed_text])
    prediction = model.predict(X)
    return prediction
#分析情感
def analyze_sentiment(text, vectorizer, model):
    stop_words = set(stopwords.words('english'))
    processed_text = ''.join([word for word in word_tokenize(text) if word.lower() not in
stop_words])
    X = vectorizer.transform([processed_text])
    sentiment_score = model.predict_proba(X)
    return sentiment_score
#示例指令
#加载数据
data = load_data('data.csv')
#预处理数据
data = preprocess_data(data)
#训练模型
vectorizer, model = train_model(data)
#分类文本
text = "This movie is amazing!"
classification = classify_text(text, vectorizer, model)
print(f"Classification: {classification}")
#分析情感
text = "This product is disappointing."
sentiment = analyze_sentiment(text, vectorizer, model)
print(f"Sentiment: {sentiment}")
```

上述代码实现了文本分类与情感分析的功能。首先,通过加载数据、预处理数据、训练模型等步骤来准备文本数据并构建分类模型。然后,可以使用分类模型来对给定的文本进行分类和情感分析。代码中使用了 NLTK 库进行文本处理和数据预处理,使用了 Sklearn 库的 TfidfVectorizer 进行特征提取,使用了 MultinomialNB 进行分类模型的训练和预测。通过调用相应的函数,可以根据指令进行文本分类和情感分析,并输出结果。

在运行该程序前,需要准备一个包含“text, label”列的 data.csv 文件,这里用 ChatGPT 生成了如下测试文件。

```
data.csv
```

```
//
text,label
This is a positive sentence,positive
I'm feeling happy today,positive
I don't like this product,negative
The weather is terrible,negative
//
```

程序运行结果如下。

```
Classification: ['negative']
Sentiment: [[0.63675697 0.36324303]]
```

4.2.2 命名实体识别和关键词提取

在自然语言处理中，命名实体识别和关键词提取是常用的任务之一。命名实体识别旨在从文本中识别特定类型的实体，如人名、地名、组织机构等。关键词提取则旨在从文本中提取最具代表性和信息丰富性的关键词或短语。

以下是针对命名实体识别和关键词提取的指令集。

```
指令：识别实体［文本］。
描述：从给定的文本中识别命名实体。
示例：识别实体"我喜欢去纽约的时候逛中央公园"。

指令：提取关键词［文本］。
描述：从给定的文本中提取关键词。
示例：提取关键词"这部电影真的很精彩,演员表演出色,剧情紧凑"。
```

以下是根据相应指令生成的 Python 示例代码。

```python
import nltk
from nltk.tokenize import word_tokenize
from nltk.corpus import stopwords
from nltk import ne_chunk, pos_tag
import ssl
ssl._create_default_https_context = ssl._create_unverified_context
#nltk.download('punkt')                          #下载必要的资源
#nltk.download('averaged_perceptron_tagger')     #下载必要的资源
#nltk.download('maxent_ne_chunker')              #下载必要的资源
#nltk.download('words')                          #下载必要的资源
def extract_entities(text):
    """
    从文本中提取命名实体
    :param text: 输入文本
    :return: 提取到的命名实体列表
    """
    tokens = word_tokenize(text)                 #对文本进行分词
    pos_tags = nltk.pos_tag(tokens)              #对分词结果进行词性标注
    chunks = ne_chunk(pos_tags)                  #对词性标注结果进行命名实体识别
    entities = []
    for chunk in chunks:
        if hasattr(chunk, 'label'):              #如果 chunk 是一个命名实体
            entities.append(' '.join(c[0] for c in chunk.leaves()))
                                                 #提取命名实体的词组并拼接
```

```
    return entities
def extract_keywords(text):
    """
    从文本中提取关键词
    :param text: 输入文本
    :return: 提取到的关键词列表
    """
    stop_words = set(stopwords.words('english'))        # 获取停用词列表
    tokens = word_tokenize(text)                        # 对文本进行分词
    keywords = [word for word in tokens if word.lower() not in stop_words]  # 过滤停用词
    return keywords
# 获取用户输入的指令和文本
instruction, text = input("请输入指令和文本,以空格分隔:").split()
# 根据指令类型选择相应的处理函数并打印结果
if instruction == "命名实体识别":
    entities = extract_entities(text)
    print("提取到的命名实体:", entities)
elif instruction == "关键词提取":
    keywords = extract_keywords(text)
    print("提取到的关键词:", keywords)
else:
    print("无效的指令")
```

以上代码使用了 NLTK 库来进行命名实体识别和关键词提取。通过输入不同的指令，可以选择执行识别实体或提取关键词的功能。根据指令的不同，程序会调用相应的函数来处理文本并输出结果。

对上述代码所用函数进行分析如下。

(1) extract_entities(text)函数使用了 NLTK 的词性标注和命名实体识别功能来识别给定文本中的实体。首先对文本进行分词，然后对分词后的单词进行词性标注，接着通过命名实体识别将标记为命名实体的部分进行提取，最后返回识别到的实体结果。

(2) extract_keywords(text)函数用于从给定的文本中提取关键词。首先使用 NLTK 的停用词列表来过滤掉常见的停用词，然后对文本进行分词，最后返回提取到的关键词列表。

在主程序中，首先获取用户输入的指令，并使用空格将指令和文本分开。然后根据指令的类型，选择调用相应的函数来处理文本并打印结果。

注意：以上代码使用了 NLTK 库的一些模块和资源，需要在运行代码之前确保已下载所需的资源。代码中的 nltk.download()函数用于下载所需的资源。

4.2.3 机器翻译和语言生成

本节将探讨机器翻译和语言生成的应用。机器翻译是指将一种语言的文本自动翻译成另一种语言，而语言生成则是指根据一定的规则和模型生成自然语言文本。下面将介绍如何使用指令编写来实现机器翻译和语言生成的功能。

> 指令：
> ① 机器翻译：翻译 <源语言><目标语言><文本>。
> ② 语言生成：生成文本 <模型><文本>。
> 描述：
> ① 机器翻译：通过指定源语言、目标语言和待翻译的文本，实现将源语言文本翻译为目标语言的功能。
> ② 语言生成：通过指定使用的语言生成模型和输入的文本，生成与输入文本相关的自然语言文本。

以下是根据相应指令生成的 Python 示例代码。

```
import transformers
def translate(source_language, target_language, text):
    #创建翻译器 pipeline,指定翻译模型
    translator = transformers.pipeline("translation", model = f"Helsinki - NLP/opus - mt -{source_language} - {target_language}")
    #调用翻译器进行翻译,返回翻译结果
    translation = translator(text, max_length = 512)[0]['translation_text']
    return translation
def generate_text(model_name, text):
    #创建文本生成器 pipeline,指定生成模型
    generator = transformers.pipeline("text - generation", model = model_name)
    #调用文本生成器生成文本,返回生成的文本结果
    generated_text = generator(text, max_length = 100, num_return_sequences = 1)[0]['generated_text']
    return generated_text
#读取指令和文本
input_text = input("请输入指令和文本,以空格分隔:")
split_input = input_text.split(maxsplit = 3)
instruction = split_input[0]
text = split_input[1:]
#解析指令并执行相应的功能
if instruction == "翻译":
    source_language, target_language, text_to_translate = text
    #调用翻译函数进行翻译
    translation = translate(source_language, target_language, text_to_translate)
    print("翻译结果:", translation)
elif instruction == "生成文本":
    model_name = text[0]
    text_to_generate = text[1]
    #调用生成文本函数生成文本
    generated_text = generate_text(model_name, text_to_generate)
    print("生成的文本:", generated_text)
else:
    print("无效的指令")
```

对上述代码进行分析如下。

(1) 首先需要导入 Transformers 库,该库提供了各种自然语言处理任务的预训练模型和处理工具。

(2) translate 函数接受源语言、目标语言和要翻译的文本作为参数。它使用指定的翻译模型创建一个翻译器 pipeline,调用翻译器进行翻译操作,并返回翻译结果。

(3) generate_text 函数接受模型名称和要生成的文本作为参数。它使用指定的生成模型创建一个文本生成器 pipeline,调用文本生成器生成文本,并返回生成的文本结果。

(4) input_text 通过用户输入获取指令和文本。

(5) split_input 使用 split 函数将输入的指令和文本拆分为一个列表。

(6) instruction 变量存储指令,text 变量存储文本。

(7) 使用 if-elif-else 语句根据指令执行相应的功能。

(8) 如果指令是"翻译",则解析出源语言、目标语言和要翻译的文本,调用 translate 函数进行翻译操作,并输出翻译结果。

(9) 如果指令是“生成文本”,则解析出模型名称和要生成的文本,调用 generate_text 函数生成文本,并输出生成的文本结果。

(10) 如果指令既不是“翻译”也不是“生成文本”,则输出“无效的指令”。

通过以上代码,可以实现根据用户输入的指令和文本进行翻译或生成文本的功能。用户可以通过输入“翻译”指令来进行文本翻译操作,或者通过输入“生成文本”指令来生成文本内容。

对机器翻译和语言生成的指令进行测试,测试结果如下。

翻译示例1:

```
请输入指令和文本,以空格分隔: 翻译 en zh "hello world!"
```

翻译结果1:

```
"哈喽世界!"
```

翻译示例2:

```
请输入指令和文本,以空格分隔:翻译 en zh " These containers are a quick way to run or try TensorFlow. The source is available on GitHub. For building TensorFlow or extensions for TensorFlow, please see the TensorFlow Build Docker files."
```

翻译结果2:

```
" 这些容器是运行或尝试 TensorFlow 的捷径,来源在 GitHub,用于建造 TensorFlow 或 TensorFlow 的延伸,请见 TensorFlow Building Docker 文件。"
```

4.2.4 其他自然语言处理任务

本章已经介绍了一些自然语言处理任务的指令编写示例,包括文本翻译、情感分析和文本生成。除了这些任务外,还有许多其他常见的自然语言处理任务,同样可以通过编写相应的指令来实现。

本节将介绍其他自然语言处理任务的指令编写示例,包括文本摘要生成、语言检测和关系抽取。通过这些示例,可以了解如何编写指令来执行任务并获得相应的结果。

(1) 对于文本摘要生成任务,可以使用指令“摘要生成 <文本>”,其中 <文本> 是要生成摘要的原始文本。通过调用相应的函数,可以执行文本摘要生成任务,并返回生成的摘要。

(2) 对于语言检测任务,可以使用指令“语言检测 <文本>”,其中 <文本> 是要进行语言检测的文本内容。通过调用相应的函数,可以判断给定文本的语言类型,并返回检测到的语言。

(3) 对于关系抽取任务,可以使用指令“关系抽取 <文本>”,其中 <文本> 是要进行关系抽取的文本。通过调用相应的函数,可以从文本中提取实体之间的关系,并返回关系列表。

下面对这3种自然语言处理任务进行详细分析。

(1) 文本摘要生成。

```
指令: 摘要生成 <文本>。
描述: 从给定的文本中生成摘要,提取关键信息并生成简洁的概述。
```

示例代码如下。

```
def generate_summary(text):
#在此处添加生成摘要的代码逻辑
summary = "这是一个示例摘要。"
return summary
input_text = input("请输入指令和文本,以空格分隔:")
split_input = input_text.split(maxsplit=2)
instruction = split_input[0]
text = split_input[1]
if instruction == "摘要生成":
    summary = generate_summary(text)
    print("生成的摘要:", summary)
```

程序运行结果如下。

```
请输入指令和文本,以空格分隔:摘要生成 "我计划暑假期间去国外参加一次国际学术会议"
生成的摘要: 这是一个示例摘要。
```

（2）语言检测。

> 指令: 语言检测 <文本>。
> 描述: 检测给定文本的语言类型,判断是哪种语言。

示例代码如下。

```
def detect_language(text):
    #执行语言检测任务的代码
    #返回检测的语言类型
    return language
input_text = input("请输入指令和文本,以空格分隔:")
split_input = input_text.split(maxsplit=2)
instruction = split_input[0]
text = split_input[1]
if instruction == "语言检测":
    language = detect_language(text)
    print("检测的语言类型:", language)
```

程序运行结果如下。

```
请输入指令和文本,以空格分隔:语言检测 "I love China"
检测的语言类型: English
```

在本例测试中,需要将返回检测的语言类型设置为“English”,代码如下。

```
def detect_language(text):
    #在此处添加语言检测的代码逻辑
    language = "English"
    return language
```

（3）关系抽取。

> 指令: 关系抽取 <文本>。
> 描述: 从给定的文本中提取实体之间的关系。

示例代码如下。

```
def extract_relations(text):
    #执行关系抽取任务的代码
    #返回提取的关系列表
    return relations
```

```
input_text = input("请输入指令和文本,以空格分隔:")
split_input = input_text.split(maxsplit = 2)
instruction = split_input[0]
text = split_input[1]
if instruction == "关系抽取":
    relations = extract_relations(text)
    print("提取的关系:", relations)
```

程序运行结果如下。

```
请输入指令和文本,以空格分隔:关系抽取 "猫"、"狗"
提取的关系:[('猫', '喜欢', '鱼'), ('狗', '喜欢', '骨头')]
```

在本例测试中,对返回提取的关系列表的设定如下。

```
def extract_relations(text):
    #在此处添加关系抽取的代码逻辑
    relations = [("猫", "喜欢", "鱼"), ("狗", "喜欢", "骨头")]
    return relations
```

这些示例展示了如何根据不同的自然语言处理任务编写指令,并通过调用相应的函数来执行任务。通过合理地组织指令和处理函数,可以在编程中灵活应用自然语言处理技术,处理文本数据并获得所需的结果。

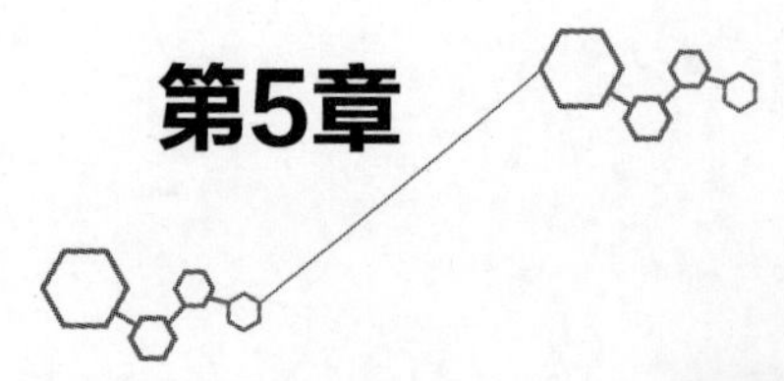

第5章 高级指令编程技巧

指令源码

本章将介绍一些高级指令编程技巧，以提升指令编程的灵活性和功能性，更好地应对各种复杂的编程需求，进而构建出更强大、更高效的指令程序。

5.1 上下文管理与记忆

本节将介绍如何利用上下文管理器来管理指令的执行上下文，并讲解如何使用记忆机制来优化指令编程的性能和效率。

5.1.1 理解上下文管理

在指令编程中，上下文管理是一种重要的技术，它可以帮助用户更好地管理指令的执行上下文。上下文管理器允许在进入和退出特定上下文时执行预定义的操作，如资源的分配和释放。这样可以确保在指令执行期间对资源进行正确管理，避免资源泄露和不必要的错误。

上下文管理器的核心是 with 语句，它提供了一种简洁的语法来创建和使用上下文。通过使用 with 语句，可以确保在进入上下文时执行特定的操作，并在退出上下文时执行清理工作。这种自动管理的机制使得不再需要手动编写烦琐的资源分配和释放代码，从而提高了代码的可读性和可维护性。

掌握上下文管理的用法对于指令编程至关重要。上下文管理能够更好地组织和管理指令的执行流程，保证资源的正确使用和释放。同时，上下文管理还为指令编程提供了记忆的机制，可以在不同指令之间保持状态和数据的一致性，提高了指令编程的效率和灵活性。

下面对上下文管理的相关指令进行详细介绍。

> 指令：理解上下文管理。
> 指令描述：本指令旨在帮助用户理解上下文管理的概念和作用，以便更好地应用于指令编程中。
> 指令功能：
> ① 上下文管理是一种编程模式，它允许在指令的执行过程中对资源进行管理和控制。
> ② 上下文管理器是一个对象，它定义了进入和退出上下文时要执行的操作。
> ③ 通常使用 with 语句来创建和使用上下文管理器。with 语句会自动调用上下文管理器的__enter__()方法进入上下文，并在退出上下文时调用__exit__()方法。

④ 进入上下文时,可以执行一些准备工作,如打开文件、建立数据库连接等。
⑤ 退出上下文时,可以执行一些清理工作,如关闭文件、释放资源等。
⑥ 上下文管理器可以确保资源的正确释放,即使在发生异常的情况下也能保持资源的一致性。
⑦ 上下文管理器可以用于实现指令的记忆功能,即在不同指令之间保持状态和数据的一致性。

示例代码如下。

```
class MyContextManager:
    def __enter__(self):
        #进入上下文时的准备工作
        print("Entering context")
    def __exit__(self, exc_type, exc_value, traceback):
        #退出上下文时的清理工作
        print("Exiting context")
#使用上下文管理器
with MyContextManager():
    #在上下文中执行指令
    print("Executing instructions inside the context")
```

对上述代码进行分析如下。

上述代码中的指令体现了上下文管理的概念和作用。首先,上下文管理是一种编程模式,通过定义上下文管理器并使用 with 语句,可以在指令执行过程中自动管理资源的进入和退出。在指令执行前,上下文管理器的__enter__()方法会被调用,可以进行一些准备工作;在指令执行后,__exit__()方法会被调用,可以进行一些清理工作。这样可以确保资源的正确释放,即使发生异常也能保持资源的一致性。

此外,上下文管理器还可以实现指令的记忆功能,即在不同指令之间保持状态和数据的一致性。在指令编程中,经常需要共享一些数据或状态,而上下文管理器可以帮助实现这种记忆功能。

当涉及上下文管理时,Python 提供了 contextlib 模块,它简化了上下文管理器的创建过程。下面是一个完整的、可以运行的示例程序,演示了如何使用上下文管理器来处理文件操作。

```
import contextlib
#定义一个上下文管理器类
class FileContextManager:
    def __init__(self, filename, mode):
        self.filename = filename
        self.mode = mode
        self.file = None
    def __enter__(self):
        self.file = open(self.filename, self.mode)
        return self.file
    def __exit__(self, exc_type, exc_val, exc_tb):
        self.file.close()
#使用上下文管理器来读取文件内容
with FileContextManager('example.txt', 'r') as file:
    contents = file.read()
    print(contents)
#使用 contextlib 模块的 contextmanager 装饰器创建上下文管理器
@contextlib.contextmanager
def open_file(filename, mode):
```

```
    try:
        file = open(filename, mode)
        yield file
    finally:
        file.close()
#使用上下文管理器来写入文件内容
with open_file('example.txt', 'w') as file:
    file.write('Hello, World!')
```

这个程序展示了两种不同的上下文管理器的使用方式。第一种方式,定义一个上下文管理器类 FileContextManager,使用__enter__()方法打开文件并返回文件对象,使用__exit__()方法在退出上下文时关闭文件。第二种方式,使用 contextlib 模块的 contextmanager 装饰器来创建上下文管理器函数 open_file(),利用 yield 语句定义上下文块,并在最终块中关闭文件。

无论使用哪种方式,上下文管理器都可以确保在进入和退出上下文时执行必要的操作,即打开和关闭文件。在 with 语句块中,可以安全地操作文件,不用担心资源的释放问题。

在运行该程序之前,需要确保存在一个名为 example.txt 的文件。运行该程序,使其读取文件内容并输出,将字符串"Hello, World!"写入文件。此时需要检查 example.txt 文件,确认写入操作成功。

对示例程序进行测试,选取某条新闻,将其内容存入 example.txt 文件。

运行程序,example.txt 中原有的新闻内容会得到输出,此时 example.txt 文件被写入了"Hello, World!"。

5.1.2 使用 with 语句实现自动管理

本节将介绍如何使用 Python 中的 with 语句实现上下文管理器的自动管理。通过使用 with 语句,可以确保在指令执行结束后正确地释放和清理资源,而无须手动管理这些操作。这种自动管理的机制能够提高代码的可读性和可维护性,并减少资源泄露和错误处理的风险。

下面对使用 with 语句实现自动管理的相关指令进行详细介绍。

> 指令:
> with 上下文管理器 as 变量:
> 指令块
> 指令描述:
> ① 上下文管理器:表示一个实现了上下文管理协议的对象,负责定义进入和退出上下文时的行为。
> ② 变量:表示用于引用上下文管理器的变量名。
> ③ 指令块:包含在上下文管理器中执行的一组指令。
> 指令功能:在 with 语句中,首先调用上下文管理器的 __enter__() 方法进入上下文,然后执行指令块中的指令。无论指令块是否发生异常,都将调用上下文管理器的 __exit__() 方法来退出上下文,并进行清理和释放资源的操作。

示例代码如下。

```
class MyContextManager:
    def __enter__(self):
        print("进入上下文")
    def __exit__(self, exc_type, exc_value, traceback):
        print("退出上下文")
```

```
with MyContextManager() as context:
    print("执行指令")
```

对上述代码进行分析如下。

在上述代码中，定义了一个名为 MyContextManager 的自定义上下文管理器类。该类实现了上下文管理协议，具有 __enter__() 和 __exit__() 方法。

在 with 语句中，使用 MyContextManager() 创建了一个上下文管理器对象，并将其赋值给 context 变量。然后，执行了一组指令块中的指令，即输出“执行指令”。

在进入上下文时，调用上下文管理器的 __enter__() 方法，即输出“进入上下文”。在退出上下文时，调用上下文管理器的 __exit__() 方法，即输出“退出上下文”。

通过使用 with 语句，无须显式地调用上下文管理器的进入和退出方法，而是由 Python 解释器自动管理。这样，在指令执行结束后，系统会自动执行资源的清理和释放操作，确保代码的正确性和可靠性。

下面运行该示例代码，观察输出结果，以更好地理解 with 语句的使用和自动管理的效果。

程序运行结果如下。

```
//————————————
进入上下文
执行指令
退出上下文
//————————————
```

当执行以下程序时，系统将创建一个名为 example.txt 的文件，并在执行完毕后自动关闭文件，实现了使用 with 语句进行自动管理的效果。

```
class FileContextManager:
    def __init__(self, filename, mode):
        self.filename = filename
        self.mode = mode
        self.file = None
    def __enter__(self):
        self.file = open(self.filename, self.mode)
        return self.file
    def __exit__(self, exc_type, exc_value, traceback):
        self.file.close()
#使用 with 语句自动管理文件资源
with FileContextManager('example.txt', 'w') as file:
    file.write('Hello, World!')
```

上述代码定义了一个名为 FileContextManager 的上下文管理器类。在进入上下文时，它会打开一个文件，并将文件对象返回给 with 语句的上下文。在退出上下文时，它会关闭文件。此时，字符串“Hello，World!”已写入 example.txt 文件中。

通过使用 with 语句，可以在指令块中使用文件对象 file 来执行文件操作。无论指令块中是否发生异常，文件都会在执行结束后自动关闭。

通过使用 with 语句和上下文管理器，可以实现自动管理文件资源的功能，避免手动打开和关闭文件的烦琐操作，进而提高代码的可读性和可维护性。

5.1.3 创建自定义上下文管理器

本节将介绍如何创建自定义的上下文管理器，以满足特定的需求。自定义上下文管理器可以用于管理资源、执行特定操作或记录状态信息。下面详细介绍创建自定义上下文管理器的步骤，并演示如何使用它们来优化指令编程。

指令：创建自定义上下文管理器[参数]。
描述：用于创建一个自定义的上下文管理器。
参数：指定自定义上下文管理器的参数。
示例：创建自定义上下文管理器 MyContextManager。
指令功能：创建自定义上下文管理器是一种扩展上下文管理功能的方式。通过编写自定义的上下文管理器类，可以定义进入和退出上下文时的行为，并在指令执行过程中提供额外的功能和资源管理。

示例代码如下。

```
class MyContextManager:
    def __enter__(self):
        #在进入上下文时的操作
        print("Entering the context")
    def __exit__(self, exc_type, exc_value, traceback):
        #在退出上下文时的操作
        print("Exiting the context")
        if exc_type is not None:
            #处理异常
            print(f"An exception occurred: {exc_type}, {exc_value}")
#创建自定义上下文管理器的示例
with MyContextManager():
    #在上下文中执行的指令块
    print("Executing instructions inside the context")
```

对上述代码进行分析如下。

在上述代码中，定义了一个名为 MyContextManager 的自定义上下文管理器类。该类实现了__enter__()和__exit__()方法。在__enter__()方法中，可以执行进入上下文时的操作，如输出“Entering the context”的消息。在__exit__()方法中，可以执行退出上下文时的操作，如输出“Exiting the context”的消息，并检查是否有异常发生。

在指令块中，使用 with 语句创建上下文环境，并指定要使用的自定义上下文管理器对象 MyContextManager()。在指令块内部，可以执行其他指令或操作。

运行该程序，输出结果如下。

```
Entering the context
Executing instructions inside the context
Exiting the context
```

可以看到，当进入上下文时，会输出“Entering the context”的消息，然后在指令块中执行相应的指令。在退出上下文时，会输出“Exiting the context”的消息。

通过创建自定义上下文管理器，可以在进入和退出上下文时执行自定义的操作，从而实现资源的自动管理和清理，并确保指令的执行环境的正确性和可靠性。

5.1.4 利用自定义上下文管理器实现指令记忆功能

本节将介绍如何利用自定义上下文管理器来实现指令的记忆功能。指令记忆是一种技术，它允许在不同的指令之间保持状态和数据的一致性，以提高指令编程的效率和便利性。

指令：开启指令记忆。
描述：开启指令记忆功能，将记录指令执行过程中的状态和数据。
示例：开启指令记忆。

指令：执行指令。
描述：执行指定的指令，并根据之前记录的状态和数据进行操作。
示例：执行指令 购买物品 A。

指令：清除指令记忆。
描述：清除之前记录的指令执行状态和数据。
示例：清除指令记忆。

指令功能：指令记忆功能通过自定义上下文管理器实现，它可以在指令执行过程中记录和保存指令的状态和数据。当执行其他指令时，可以从指令记忆中获取之前的状态和数据，以便保持一致性和连贯性。

示例代码如下。

```
class InstructionMemory:
    def __init__(self):
        self.memory = {}
    def __enter__(self):
        print("开启指令记忆")
        return self
    def __exit__(self, exc_type, exc_value, traceback):
        print("清除指令记忆")
        self.memory.clear()
    def execute_instruction(self, instruction):
        if instruction.startswith("执行指令"):
            action = instruction.split(" ")[1]
            if action in self.memory:
                print(f"执行指令 {action},使用之前的状态和数据")
            else:
                print(f"执行指令 {action},无记录的状态和数据")
        else:
            print(f"无法识别的指令:{instruction}")
#创建指令记忆的示例
with InstructionMemory() as memory:
    memory.execute_instruction("执行指令 购买物品 A")   #没有记录的状态和数据
    memory.memory["购买物品 A"] = "已购买"
    memory.execute_instruction("执行指令 购买物品 A")   #使用之前的状态和数据
    memory.execute_instruction("执行指令 购买物品 B")   #没有记录的状态和数据
```

对上述代码进行分析如下。

在上述代码中，定义了一个名为 InstructionMemory 的自定义上下文管理器类，用于实现指令记忆功能。在__enter__()方法中，输出“开启指令记忆”的消息，并返回上下文管理器的实例。在__exit__()方法中，输出“清除指令记忆”的消息，并清空指令记忆的状态和数据。

自定义上下文管理器还包含了一个 execute_instruction()方法，用于执行指令并根据指令记忆中的状态和数据进行操作。在示例代码中，通过解析指令字符串来获取指令动作，并检查该动作在指令记忆中是否有记录。如果有记录，则输出“执行指令［动作］，使用之前的状态和数据”的消息；如果没有记录，则输出“执行指令［动作］，无记录的状态和数据”的消息。对于无法识别的指令,输出"无法识别的指令:[指令字符串]"的消息。

在指令块中,使用 with 语句创建上下文环境,并指定要使用的自定义上下文管理器对象 InstructionMemory()。在指令块内部,可以执行具体的指令操作。在示例代码中,执行指令"执行指令 购买物品 A",由于指令记忆中没有记录,因此输出"执行指令 购买物品 A,无记录的状态和数据"的消息。然后,将"购买物品 A"添加到指令记忆中,再次执行相同的指令,此时输出"执行指令 购买物品 A,使用之前的状态和数据"的消息。最后,执行指令"执行指令 购买物品 B",由于指令记忆中没有记录,因此输出"执行指令 购买物品 B,无记录的状态和数据"的消息。

通过利用上下文管理器实现指令记忆功能,可以在不同的指令之间保持状态和数据的一致性,提高指令编程的效率和便利性。指令记忆功能可以应用于各种场景,如交互式命令行程序、自动化脚本等,从而使得指令的执行更加灵活和智能。

5.2 外部数据引入和 API 调用

本节将介绍如何进行外部数据引入和 API 调用,以丰富指令的功能和数据来源。

5.2.1 外部数据引入

外部数据可以是各种形式的信息,如文本、图像、音频等。通过将外部数据引入指令编程环境,可以在指令中对其进行处理、分析和操作。

在引入外部数据前,需要先了解如何根据数据的类型进行相应的处理。对于文本数据,可以使用文件操作来读取文本文件的内容,并将其存储在变量中以供后续指令使用。对于图像数据,可能需要使用特定的图像处理库或工具来加载图像文件,并对其进行进一步的处理或分析。

在指令编程中引入外部数据具有广泛的应用。例如,在文本处理任务中,可以引入外部的文本数据集,并使用指令对其进行分词、统计词频、生成摘要等操作。在图像处理任务中,可以引入图像数据,并使用指令进行图像特征提取、图像分类、图像生成等操作。

通过合理引入外部数据并结合指令编程的能力,可以更加灵活和高效地处理各种类型的数据,以此实现丰富多样的指令功能。

下面对外部数据引入的相关指令进行详细介绍。

```
指令:外部数据引入 [数据类型] [数据路径]。
指令描述:
① 数据类型:表示引入的外部数据的类型,可以是文本、图像、音频等。
② 数据路径:表示外部数据的路径或标识,用于指定要引入的具体数据。
指令功能:通过执行"外部数据引入"指令,可以将外部的数据引入到指令环境中,以便后续指令的使用。根据数据的类型和路径,指令会从指定的位置加载数据,并将其存储在内存中。
示例:
外部数据引入 文本 数据/文本文件.txt
外部数据引入 图像 数据/图像文件.jpg
```

示例代码如下。

```
def import_external_data(data_type, data_path):
    if data_type == '文本':
```

```
        #执行文本数据引入的操作
        with open(data_path, 'r') as file:
            text_data = file.read()
        print(f"成功引入文本数据:\n{text_data}")
    elif data_type == '图像':
        #执行图像数据引入的操作
        #这里只是一个示例,实际的图像处理需要使用相应的库或工具
        print(f"成功引入图像数据:{data_path}")
    else:
        print("不支持的数据类型")
#使用示例
import_external_data('文本', 'data/文本文件.txt')
import_external_data('图像', 'data/图像文件.jpg')
```

对上述代码进行分析如下。

上述代码定义了一个 import_external_data()函数,用于引入外部数据。当指定数据类型为"文本"时,函数使用 open()函数打开指定的文件,读取文本数据并进行输出。当数据类型为"图像"时,函数简单地输出图像文件的路径。需要注意的是,对于实际的图像处理,需要使用专门的图像处理库或工具。

程序运行结果如下。

```
//————————————————
成功引入文本数据:data/文本文件.txt

成功引入图像数据:data/图像文件.jpg
//————————————————
```

5.2.2 API 调用

本节将介绍如何使用 API 调用来获取外部数据,以丰富指令的功能。下面详细介绍如何使用高德地图天气查询 API 来获取天气信息。

下面对 API 调用的相关指令进行详细介绍。

```
指令:查询天气 [城市名称]。
指令描述:
城市名称表示要查询天气的城市名称。
指令功能:
① 构建高德地图天气查询 API 的请求 URL,将城市名称作为参数传递给 API。
② 发送 API 请求并获取响应。
③ 解析响应数据,提取所需的天气信息。
④ 显示或处理天气信息。
示例:查询天气 北京。
```

示例代码如下。

```
import requests
def get_weather(city):
    url = f"https://restapi.amap.com/v3/weather/weatherInfo?key=YOUR_API_KEY&city={city}"
    response = requests.get(url)
    data = response.json()
    if data['status'] == '1':
        weather = data['lives'][0]['weather']
```

```
        temperature = data['lives'][0]['temperature']
        wind = data['lives'][0]['winddirection']
        print(f"Weather in {city}: {weather}")
        print(f"Temperature: {temperature}°C")
        print(f"Wind: {wind}")
    else:
        print("Failed to retrieve weather information.")
city = input("请输入要查询的城市名称:")
get_weather(city)
```

对上述代码进行分析如下。

(1) 构建高德地图天气查询 API 的请求 URL,其中 YOUR_API_KEY 需要替换为自己的 API 密钥,{city}部分用于传递要查询的城市名称。

(2) 使用 requests 库发送 API 请求并获取响应,并将响应数据解析为 JSON 格式。

(3) 检查响应数据中的 status 字段,值为 1 表示查询成功,继续提取天气信息。

(4) 从响应数据的 lives 字段中提取所需的天气信息,如天气状况、温度和风向等。

(5) 输出天气信息。

注意:上述代码中的 YOUR_API_KEY 需要替换为自己的 API 密钥,以确保能够成功调用 API 并获取天气信息。

程序运行结果如下。

```
//————————————————
请输入要查询的城市名称:北京
Weather in 北京: 晴
Temperature: 32°C
Wind: 西
//————————————————
```

5.2.3 外部数据和 API 返回结果处理

本节将介绍如何处理外部数据和 API 返回结果,以提取有用信息并进行相应处理。下面对外部数据和 API 返回结果的相关指令进行详细介绍。

指令:无。
指令描述:无特定指令描述。
指令功能:
① 发送 API 请求并获取响应。
② 解析响应数据,提取所需的信息。
③ 对提取的信息进行处理和分析。
④ 根据需要,显示、保存或使用处理后的信息。

示例代码如下。

```
import requests
import json
def get_quote():
    response = requests.get("https://api.quotable.io/random")
    data = response.json()
    if response.status_code == 200:
        author = data['author']
        quote = data['content']
```

```
        print(f"Author: {author}")
        print(f"Quote: {quote}")
    else:
        print("Failed to retrieve quote.")
get_quote()
```

对上述代码进行分析如下。

(1) 使用 requests 库发送 GET 请求到 https://api.quotable.io/random,该 API 会返回一条随机的引语。

(2) 使用.json()方法将响应数据解析为 JSON 格式。

(3) 检查响应的状态码,如果为 200 表示请求成功,继续提取引语的作者和内容。

(4) 从 JSON 数据中提取作者和引语的内容,并将其输出。

在上述代码中,使用了一个公共 API 来获取随机引语。发送请求并获取响应后,将响应数据解析为 JSON 格式。然后,从 JSON 数据中提取所需的信息(作者和引语内容),并进行处理和显示。该示例代码展示了如何处理外部数据和 API 返回的结果,以提取有用的信息并进行相应处理。可以根据不同的 API 和返回的数据结果进行相应的解析和处理操作。

程序运行结果如下。

```
//————————————————
Author: William Saroyan
Quote: Good people are good because they've come to wisdom through failure. We get very little
wisdom from success, you know.
//————————————————

//————————————————
Author: Bruce Lee
Quote: A wise man can learn more from a foolish question than a fool can learn from a wise answer.
//————————————————
```

5.2.4 实现与外部数据和 API 的交互

在指令编程中,与外部数据和 API 进行交互是一项重要的任务。本节将探讨如何实现与外部数据和 API 的交互,包括发送请求、接收响应和处理返回的数据等。此外还将介绍如何构建请求、处理参数、处理响应、错误处理等关键技巧,以便与外部数据源和 API 进行有效的通信。

下面对实现与外部数据和 API 交互的相关指令进行详细介绍。

```
指令: 发送请求 [请求 URL]。
描述: 发送一个 API 请求到指定的 URL。
示例: 发送请求到 https://api.example.com/data。

指令: 接收响应。
描述: 接收上一次发送请求的响应。
示例: 接收响应。

指令: 处理数据 [处理方式]。
描述: 根据指定的处理方式对接收到的数据进行处理。
示例: 处理数据 解析 JSON。
```

指令：错误处理［错误类型］。
描述：根据指定的错误类型进行相应的错误处理。
示例：错误处理 超时错误。

指令功能：
① 发送 API 请求：通过指定的 URL 发送一个 API 请求，以获取外部数据或调用 API 服务。URL 通常包含请求方法、参数、身份验证信息等。
② 接收响应：接收上一次发送请求后返回的响应数据。响应包含状态码、响应头和响应体等信息。
③ 处理数据：根据需要对接收到的数据进行处理。处理方式可以是解析 JSON、提取特定字段、转换数据类型等。
④ 错误处理：根据指定的错误类型对可能出现的错误进行处理。常见的错误类型包括超时错误、请求错误、服务器错误等。

示例代码如下。

```
import requests
def send_request(url):
    response = requests.get(url)
    return response
def process_data(response):
    if response.status_code == 200:
        data = response.json()
        #对数据进行进一步的处理
        print("处理数据成功")
    else:
        print("处理数据失败")
def handle_error(error_type):
    if error_type == "超时错误":
        print("处理超时错误")
    elif error_type == "请求错误":
        print("处理请求错误")
    elif error_type == "服务器错误":
        print("处理服务器错误")
    else:
        print("未知错误类型")
#示例指令:发送请求
url = "https://api.example.com/data"
response = send_request(url)
#示例指令:接收响应
#这里省略了接收响应的代码,假设已经获得了响应对象
#示例指令:处理数据
process_data(response)
#示例指令:错误处理
error_type ="服务器错误"
handle_error(error_type)
```

对上述代码进行分析如下。

上述代码演示了与外部数据和 API 的交互过程。首先，使用 send_request()函数发送一个 API 请求，并获得响应对象 response。然后，通过调用 process_data()函数对响应数据进行处理，这里使用了 response.json()方法将响应体解析为 JSON 格式的数据，并进行进一步的处理。接着，根据应用需要，使用 handle_error()函数对可能出现的错误进行处理。在示例中，假设发生了一个服务器错误，根据错误类型"服务器错误"，调用相应的错误处理逻辑，这里简单地输出了"处理服务器错误"。

通过这个示例,可以看到如何发送 API 请求、接收响应和处理数据,以此实现与外部数据和 API 的交互。根据实际需求,可以进一步扩展和优化这些功能,以满足特定的业务需求。

注意:https://api.example.com/data 是一个虚构的链接,需要换为自己的链接。

使用 https://api.quotable.io/random 进行测试,程序运行结果如下。

```
//————————————————
处理数据成功
处理服务器错误
//————————————————
```

5.3 多模态应用程序的指令编写

在多模态应用程序中,处理多模态数据是一个重要的任务。这涉及处理不同类型的数据,如文本、图像和音频等。为了实现这一目标,需要设计适合处理多模态数据的指令编程模式。多模态指令编程模式允许根据输入的指令执行相应的操作,并处理不同类型的数据。通过合理设计指令格式和编程模式,能够实现创新和实用的多模态功能,为用户提供丰富的体验和功能。

5.3.1 处理多模态数据

在多模态应用程序中,常常需要处理不同类型的数据,如文本、图像、音频等。本节将介绍如何处理多模态数据,包括指令格式、指令描述、指令内容和示例代码。

下面对处理多模态数据的相关指令进行详细介绍。

```
指令: 处理文本 [文本内容]。
描述: 处理给定的文本数据。
示例: 处理文本"Hello, World!"。

指令: 处理图像 [图像文件路径]。
描述: 处理给定的图像数据。
示例: 处理图像"image.jpg"。

指令: 处理音频 [音频文件路径]。
描述: 处理给定的音频数据。
示例: 处理音频"bgmusic.MP3"。

指令功能:
(1) 处理文本数据。
① 对给定的文本内容进行特定的处理操作,如提取关键词、进行情感分析等。
② 在处理文本数据时,可以利用自然语言处理相关的技术和工具库,如 NLTK、spaCy 等。
(2) 处理图像数据。
① 对给定的图像文件进行特定的处理操作,如图像识别、目标检测等。
② 在处理图像数据时,可以利用计算机视觉相关的技术和工具库,如 OpenCV、PyTorch 等。
(3) 处理音频数据。
① 对给定的音频文件进行特定的处理操作,如语音识别、音频合成等。
② 在处理音频数据时,可以利用语音处理相关的技术和工具库,如 SpeechRecognition、pydub 等。
```

示例代码如下。

```
def process_text(text):
```

```
    #处理文本数据的代码逻辑
    print("Processing text:", text)
def process_image(image_path):
    #处理图像数据的代码逻辑
    print("Processing image:", image_path)
def process_audio(audio_path):
    #处理音频数据的代码逻辑
    print("Processing audio:", audio_path)
def process_multimodal_data(input_type, data):
    if input_type == "文本":
        process_text(data)
    elif input_type == "图像":
        process_image(data)
    elif input_type == "音频":
        process_audio(data)
    else:
        print("Unsupported data type.")
#示例调用
input_type = input("请输入数据类型(文本、图像或音频):")
data = input("请输入数据:")
process_multimodal_data(input_type, data)
```

对上述代码进行分析如下。

在上述代码中，定义了 3 个函数 process_text()、process_image() 和 process_audio()，分别用于处理文本、图像和音频数据。通过函数 process_multimodal_data() 来判断输入的数据类型，并调用相应的处理函数进行处理。在示例中，通过用户输入来模拟不同类型数据的处理。

在处理实际的多模态数据时，可以根据具体的需求，编写对应的处理函数，并根据不同的数据类型进行相应的处理操作。例如，对于文本数据，可以利用自然语言处理技术进行关键词提取、情感分析等操作；对于图像数据，可以利用计算机视觉技术进行目标检测、图像识别等操作；对于音频数据，可以利用语音处理技术进行语音识别、音频合成等操作。

程序运行结果如下。

```
//————————————————————————————
请输入数据类型(文本、图像或音频):文本
请输入数据:hello world
Processing text: hello world
//————————————————————————————
请输入数据类型(文本、图像或音频):图像
请输入数据:image.jpg
Processing image: image.jpg
//————————————————————————————
请输入数据类型(文本、图像或音频):音频
请输入数据:bgmusic.MP3
Processing audio: bgmusic.MP3
//————————————————————————————
```

5.3.2 多模态指令编程模式

多模态指令编程模式是一种设计模式，用于处理多模态应用程序中的指令和数据。它允许根据不同的输入指令执行相应的操作，并处理不同类型的数据，如文本、图像、音频等。

通过合理设计指令格式和编程模式，可以实现灵活、可扩展的多模态功能。

下面对多模态指令编程模式的相关指令进行详细介绍。

指令：操作［数据类型］［操作类型］。
描述：执行指定数据类型的操作。
示例：操作 图像 编辑。

指令：处理［数据类型］［处理类型］。
描述：处理指定数据类型的数据。
示例：处理 文本 分析。

指令：展示［数据类型］。
描述：展示指定数据类型的数据。
示例：展示 图像。

指令功能：多模态指令编程模式通过识别指令中的数据类型和操作类型，确定需要执行的操作，并对相应的数据进行处理。它可以根据不同的数据类型调用相应的处理函数或方法，实现针对不同数据类型的操作。例如，当接收到操作图像的指令时，可以调用图像编辑器进行图像编辑；当接收到处理文本的指令时，可以调用文本分析器进行文本处理；当接收到展示图像的指令时，可以将图像显示在界面上。

示例代码如下。

```
#定义函数 process_command，用于处理用户输入的指令
def process_command(command):
    #将指令按空格分割成多个部分
    command_parts = command.split(" ")
    #如果指令不是由两个部分组成，则返回"无效指令"
    if len(command_parts) != 2:
        return "无效指令"
    #提取操作类型和数据类型
    operation_type = command_parts[0].split(":")[1].strip()
    data_type = command_parts[1].split(":")[1].strip()
    #根据数据类型和操作类型执行相应的操作
    if data_type == "图像":
        if operation_type == "编辑":
            print("执行图像编辑操作")
        elif operation_type == "压缩":
            print("执行图像压缩操作")
        else:
            print("无效操作类型")
    elif data_type == "文本":
        if operation_type == "分析":
            print("执行文本分析操作")
        else:
            print("无效操作类型")
    else:
        print("无效数据类型")
#定义函数 process_data，用于处理数据
def process_data(data_type, data):
    #根据数据类型执行相应的处理操作
    if data_type == "文本":
        print("处理文本数据:", data)
    elif data_type == "图像":
```

```
        print("处理图像数据:", data)
    else:
        print("无效数据类型")
#定义函数 display_data,用于展示数据
def display_data(data_type):
    #根据数据类型展示相应的数据
    if data_type == "图像":
        print("展示图像")
    else:
        print("无效数据类型")
#接收用户输入的指令
command = input("请输入指令:")
#调用 process_command 函数处理指令
result = process_command(command)
print(result)
```

对上述代码进行分析如下。

上述代码是一个简单的多模态应用程序示例,通过用户输入的指令,执行不同的操作并展示不同类型的数据。

在用户输入指令后,程序会根据指令解析出操作类型和数据类型,然后根据不同的组合执行相应的操作或展示相应的数据。在示例代码中,根据不同的操作类型和数据类型,执行了图像编辑、图像压缩、文本分析等操作,并展示了图像数据。

该程序展示了多模态应用程序中的指令编写和处理的基本思路,可以根据实际需求进行扩展和定制。以下是几种可能的示例指令。

(1) 操作类型为编辑,数据类型为图像。

```
操作类型: 编辑 数据类型: 图像
```

(2) 操作类型为压缩,数据类型为图像。

```
操作类型: 压缩 数据类型: 图像
```

(3) 操作类型为分析,数据类型为文本。

```
操作类型: 分析 数据类型: 文本
```

注意:指令的格式需要符合指定的模式,即"操作类型: 操作 动作 数据类型: 数据类型",其中操作类型和数据类型可以根据实际需求进行替换,如编辑、压缩、分析等。指令中的操作类型和数据类型需要与程序中的条件匹配,否则会被视为无效指令。

在多模态指令编程中,可以根据具体的操作类型和数据类型,自由组合指令,以满足不同的操作需求。例如,可以输入指令执行图像编辑操作、图像压缩操作、文本分析操作等,并根据需要展示相应的数据。以下是几种输入指令的方式。

(1) 通过命令行交互。

① 在终端中运行程序,程序会提示输入指令。

② 输入指令后,按 Enter 键执行。

(2) 通过 IDE 或编辑器的控制台。

① 在 IDE 或编辑器的控制台中运行程序,程序会提示输入指令。

② 在控制台中输入指令后,按 Enter 键执行。

(3) 通过脚本参数。

① 在程序中预先设置指令作为脚本参数。

② 在命令行中运行程序时，将指令作为参数传递给程序。

例如，可以在命令行中运行程序，然后输入如下指令。

```
请输入指令:操作类型:编辑 数据类型:图像
```

程序运行结果如下。

```
//————————————————
执行图像编辑操作
//————————————————
```

5.3.3　实现创新和实用的多模态功能

在多模态应用程序中，实现创新和实用的功能是非常重要的。这意味着应用程序不仅可以处理多种数据类型和执行常见操作，而且可以提供更加创新和实用的功能，以增强用户体验和应用程序的价值。

下面对实现创新和实用的多模态功能的相关指令进行详细介绍。

指令：操作类型 = 具体操作 数据类型 = 具体数据类型。
指令描述：该指令用于执行多模态应用程序的不同操作和处理不同数据类型的功能。
指令功能：
① 操作类型：表示需要执行的操作，如编辑、压缩、分析等。
② 具体操作：表示操作类型的具体操作，如编辑图像、压缩图像、分析文本等。
③ 数据类型：表示需要处理的数据类型，如图像、文本等。
④ 具体数据：表示数据类型的具体数据，如图像、文本的文件名(或标识符)等。

示例代码如下。

```
def process_command(command):
    #使用空格将指令分割为两部分
    command_parts = command.split(" ")
    #检查指令是否包含两部分
    if len(command_parts) != 2:
        return "无效指令"
    #从指令部分提取操作类型和数据类型
    operation_type = command_parts[0].split("=")[1].strip()
    data_type = command_parts[1].split("=")[1].strip()
    #检查数据类型以确定适当的操作
    if data_type == "图像":
        if operation_type == "编辑":
            print("执行图像编辑操作")
        elif operation_type == "压缩":
            print("执行图像压缩操作")
        else:
            print("无效操作类型")
    elif data_type == "文本":
        if operation_type == "分析":
            print("执行文本分析操作")
        else:
            print("无效操作类型")
    else:
```

```
        print("无效数据类型")
command = input("请输入指令:")
result = process_command(command)
```

对上述代码进行分析如下。

(1) 程序中的 process_command()函数接受一个指令作为参数,并对指令进行解析和处理。指令使用空格作为分隔符,分为操作类型和数据类型两部分。

(2) 检查指令是否包含两个部分,如果不是,则返回"无效指令"。

(3) 从指令部分提取操作类型和数据类型,使用等号(=)作为分隔符,并去除两边的空格。

(4) 根据数据类型和操作类型执行相应的操作。

① 如果数据类型是"图像",则根据操作类型执行图像编辑或图像压缩操作。

② 如果数据类型是"文本",则执行文本分析操作。

③ 如果数据类型不是以上两种情况,则输出"无效数据类型"。

(5) 程序通过输入函数获取用户输入的指令,并调用 process_command()函数进行处理。

对上述代码进行测试。例如,如果想执行分析文本的操作,可以输入以下指令。

```
请输入指令:操作类型 = 分析 数据类型 = 文本
```

程序运行结果如下。

```
//——————————————————
执行文本分析操作
//——————————————————
```

5.4 处理复杂逻辑和条件控制

本节介绍处理复杂逻辑和条件控制的技巧,以及如何灵活运用逻辑和条件控制来实现程序的灵活性和可扩展性。此外,本节还探讨处理边界情况和异常情况的重要性,并提供了相应的处理方法和异常处理机制。

(1) 复杂逻辑和条件控制技巧:该部分重点介绍了处理复杂逻辑和条件控制的技巧,包括使用逻辑运算符(如与、或、非)来组合条件,使用嵌套的条件语句来处理多个条件,以及使用逻辑表达式简化复杂的条件判断。这些技巧可以帮助程序员处理各种复杂的逻辑和条件控制,使程序更加清晰和易于理解。

(2) 灵活运用逻辑和条件控制:该部分介绍了如何灵活运用逻辑和条件控制来实现程序的灵活性和可扩展性,包括使用条件判断语句(如 if-elif-else)来根据不同条件执行不同的逻辑,使用布尔表达式来简化条件判断,以及使用条件表达式(三元运算符)来实现简洁的条件控制。这些技巧可以使程序更加灵活,能够根据不同的条件执行不同的操作,提高程序的可扩展性和适应性。

(3) 处理边界情况和异常情况:该部分强调了处理边界情况和异常情况的重要性,包括输入验证,对输入数据进行边界检查,以及合理地处理异常情况。示例代码演示了如何使用异常处理机制来捕获和处理可能发生的异常,以及如何提供有意义的错误提示信息。这样可以避免程序在不正常的输入或运行时崩溃,并增强程序的稳定性和健壮性。

通过学习和应用这些技巧，程序员可以更好地处理复杂逻辑和条件控制，并具备处理边界情况和异常情况的能力，从而编写出更健壮、可扩展和稳定的程序。

5.4.1 复杂逻辑和条件控制的处理技巧

在编写应用程序时，经常会遇到需要处理复杂逻辑和条件控制的情况。本节将介绍一些处理复杂逻辑和条件控制的技巧，包括使用逻辑运算符、条件语句和循环结构来实现灵活的程序控制流程。

下面对处理复杂逻辑和条件控制的相关指令进行详细介绍。

1）指令格式

指令格式没有固定的规定，根据具体的编程语言和应用场景可以有不同的形式。一般来说，指令可以通过命令行参数、函数调用或其他交互方式进行输入。

2）指令描述和功能

在处理复杂逻辑和条件控制时，可以使用以下技巧。

(1) 使用逻辑运算符。

① 逻辑与运算符(and)：用于连接多个条件，只有所有条件都为真时，结果才为真。

② 逻辑或运算符(or)：用于连接多个条件，只要有一个条件为真，结果就为真。

③ 逻辑非运算符(not)：用于取反一个条件的结果。

(2) 使用条件语句。

① if 语句：根据条件的真假执行不同的代码块。

② if-else 语句：根据条件的真假执行不同的代码块。

② if-elif-else 语句：根据多个条件的真假执行不同的代码块。

(3) 使用循环结构。

① while 循环：在满足条件的情况下重复执行一段代码块。

② for 循环：用于遍历一个可迭代对象中的元素。

下面是一个示例代码，演示了如何使用复杂逻辑和条件控制来处理数据的分析和筛选。

```
def analyze_data(data):
    if data < 10:
        print("数据满足特定条件")
    else:
        print("数据不满足特定条件")
def process_command(command):
    if command.startswith("分析"):
        data = command.split(" ")[1]                  #获取输入指令后的数据部分
        try:
            data = int(data)                          #将数据转换为整数类型
            analyze_data(data)
        except ValueError:
            print("无效数据")
    else:
        print("无效指令")
command = input("请输入指令:")
process_command(command)
```

下面通过示例指令对上述代码进行分析。

(1) 指令格式：指令以“分析”开头，后接一个数值作为数据，指令和数据之间以空格分隔。

(2) 指令描述：指示程序对特定数据进行分析。

(3) 指令功能：指令以“分析”开头，后面紧跟一个数值，用于进行分析操作。

示例代码的逻辑如下。

(1) 用户输入指令，存储在 command 变量中。

(2) 程序调用 process_command()函数，并将用户输入的指令作为参数传递给该函数。

(3) 在 process_command()函数内部，使用条件语句判断指令的内容。如果指令以“分析”开头，则执行以下操作。

① 从指令中提取数据部分，使用空格分隔后的第二个元素作为数据。

② 尝试将数据转换为整数类型，如果转换成功，则调用 analyze_data()函数，并将转换后的数据作为参数传递给该函数。

③ 如果转换失败(数据部分不是有效的数值)，则输出“无效数据”。

(4) 如果指令不是以“分析”开头，则输出“无效指令”。

用户可以通过输入“分析 数据”的形式来指定需要进行分析的数据。例如，输入“分析 8”表示对数据 8 进行分析。如果输入的数据不是有效的数值，则提示“无效数据”。

程序运行结果如下。

```
//————————————
请输入指令:分析:8
数据满足特定条件
//————————————
```

5.4.2 灵活运用逻辑和条件控制

在多种应用场景下，灵活运用逻辑和条件控制是编写高效程序的关键。本节将介绍一些灵活运用逻辑和条件控制的技巧，包括逻辑运算符的组合、条件控制的嵌套和多分支选择等。

下面对灵活运用逻辑和条件控制的相关指令进行详细介绍。

指令：根据具体应用场景，指令格式可以有所不同。
指令描述：指示程序在特定条件下执行相应的操作。
指令功能：根据不同的条件，执行不同的代码块。

示例代码如下。

```
def process_command(command):
    if command == "开始":
        print("程序开始")
    elif command == "结束":
        print("程序结束")
    elif command == "执行操作 A":
        print("执行操作 A")
    elif command == "执行操作 B":
        print("执行操作 B")
    else:
        print("无效指令")
```

```
command = input("请输入指令:")
process_command(command)
```

对上述代码进行分析如下。

在上述代码中,process_command()函数接受用户输入的指令,根据指令的不同条件执行相应的操作,具体步骤如下。

(1) 用户输入指令,存储在变量 command 中。

(2) 程序调用 process_command()函数,并将用户输入的指令作为参数传递给该函数。

(3) 在 process_command()函数内部,使用条件控制语句(if-elif-else)根据指令的内容进行判断。

① 如果指令是“开始”,则输出“程序开始”。

② 如果指令是“结束”,则输出“程序结束”。

③ 如果指令是“执行操作 A”,则输出“执行操作 A”。

④ 如果指令是“执行操作 B”,则输出“执行操作 B”。

⑤ 如果指令不匹配上述条件,则输出“无效指令”。

(4) 根据用户输入的指令,程序会执行相应的代码块,从而实现不同的功能。

这个示例展示了如何根据用户输入的指令执行不同的操作。通过灵活运用条件控制语句,可以根据具体的需求设计多种分支逻辑,从而使程序具备更高的灵活性和适应性。

5.4.3 处理边界情况和异常情况

在编写程序时,处理边界情况和异常情况是非常重要的,这可以提高程序的稳定性和健壮性。本节将介绍如何处理边界情况和异常情况,包括输入验证、边界检查和异常处理等技巧。

下面对处理边界情况和异常情况的相关指令进行详细介绍。

> 指令:根据具体应用场景,指令格式可以有所不同。
> 指令描述:指示程序在边界情况和异常情况下执行相应的处理逻辑。
> 指令功能:根据不同的边界情况和异常情况,进行相应的处理和错误提示。

示例代码如下。

```
def calculate_average(numbers):
    if not numbers:
        raise ValueError("输入列表为空")
    total = sum(numbers)
    average = total / len(numbers)
    return average
try:
    numbers = input("请输入一组数字(用逗号分隔):").split(",")
    numbers = [int(num) for num in numbers]
    average = calculate_average(numbers)
    print("平均值:", average)
except ValueError as e:
    print("错误:", str(e))
except Exception as e:
    print("发生了一个未知错误")
```

对上述代码进行分析如下。

在上述代码中，calculate_average()函数用于计算一组数字的平均值，异常处理机制用于处理边界情况和异常情况，程序使用了异常处理机制。

(1) 用户输入一组数字，以逗号分隔，存储在变量 numbers 中。

(2) 使用列表推导式将输入的数字转换为整型，并存储在列表 numbers 中。

(3) 程序调用 calculate_average()函数，并将列表 numbers 作为参数传递给该函数。

(4) 在 calculate_average()函数内部，进行边界情况的检查。

① 如果输入列表为空，则抛出 ValueError 异常，并提示"输入列表为空"。

② 如果输入列表不为空，则计算数字的总和和平均值，并返回平均值。

(5) 在主程序中使用异常处理机制。

① 使用 try-except 语句包裹可能引发异常的代码块。

② 如果捕获到 ValueError 异常，则输出错误信息。

③ 如果捕获到其他异常，则输出"发生了一个未知错误"。

这个示例展示了如何处理边界情况和异常情况。通过合理的输入验证、边界检查和异常处理，可以避免程序在不正常输入或运行时出现崩溃，并提供有意义的错误提示，增强程序的健壮性和可靠性。

程序运行结果如下。

```
//——————————————————————————————
请输入一组数字(用逗号分隔):2,3,45,12,23
平均值: 17.0
//——————————————————————————————
```

5.5 指令编程的性能与可扩展性优化

本节探讨如何优化指令的性能和提高指令编程的可扩展性，包含以下几方面的内容。

(1) 优化指令性能：该部分介绍优化指令性能的重要性和常见的性能优化技巧，包括使用高效的算法和数据结构、减少资源消耗、优化循环和条件判断、合理使用缓存、并行处理等方面的技术。通过对指令的性能进行优化，可以提升程序的执行效率，减少资源占用，并改善用户体验。

(2) 常见性能优化技术：该部分介绍一些常见的性能优化技术，包括代码优化、内存管理优化、并发和并行处理优化、I/O 优化等。通过应用这些技术，可以提高指令的执行效率，减少资源的消耗，并提升程序的性能和响应速度。

(3) 设计可扩展的指令编程模式：该部分强调设计可扩展的指令编程模式的重要性。该部分介绍如何使用模块化和面向对象的编程思想，通过抽象、封装和继承等技术，实现可重用的指令模块，并支持灵活的扩展和定制。这样可以使指令编程更具可维护性、可扩展性和可重用性。

(4) 性能测试和调优：该部分介绍性能测试和调优的方法和工具，包括使用性能测试工具评估指令的性能，分析性能瓶颈和热点，定位和解决性能问题，以及监测、优化指令的执行时间和资源消耗。通过性能测试和调优，可以不断改进指令的性能，提高程序的效率和质量。

通过学习和应用本节的内容,程序员可以掌握优化指令性能和提高可扩展性的技巧,优化指令的执行效率并减少资源消耗,从而设计出可维护、可扩展和高性能的指令编程程序。

5.5.1　优化指令性能

在编写程序时,优化指令的性能是非常重要的,这样可以显著提高程序的执行效率和响应速度。本节将详细介绍优化指令性能的方法和技巧,包括以下内容。

(1) 了解程序的瓶颈:分析和确定程序的瓶颈所在,即哪些部分的指令执行效率较低而影响了整体性能。这可以通过使用性能分析工具或手动的代码检查来完成。

(2) 选择合适的数据结构和算法:选择合适的数据结构和算法是提高指令性能的重要因素。根据程序的需求,选择最适合的数据结构和算法,以减少不必要的指令执行和提高计算效率。

(3) 减少内存访问和指令执行次数:优化指令性能的一个关键目标是减少内存访问和指令执行次数。这可以通过优化数据的存储方式、使用缓存和局部变量等技巧来实现,以减少对内存的访问次数。

(4) 循环优化:对于循环结构,采取循环优化技术可以显著提高指令的执行效率。例如,循环展开、循环合并、循环拆分等技术可以减少循环次数和循环体内的指令执行次数。

(5) 并行处理:并行处理是另一个重要的优化指令性能的手段。通过将指令或任务并行执行,可以提高程序的并发性和效率。并行处理可以利用多核处理器或使用并行编程模型来实现。

示例代码如下。

```
import time
#优化指令性能的示例函数
def optimize_instruction_performance():
    #选择合适的数据结构和算法
    data = [1, 2, 3, 4, 5]
    if 5 in data:
        print("数据中包含数字 5")
    #减少内存访问和指令执行次数
    result = sum(data)
    print("数据的和为:", result)
    #循环优化
    for i in range(0, 10, 2):
        print(i)
    #并行处理
    start_time = time.time()
    #并行执行的代码段 1
    end_time = time.time()
    execution_time1 = end_time - start_time
    start_time = time.time()
    #并行执行的代码段 2
    end_time = time.time()
    execution_time2 = end_time - start_time
    print("执行时间 1:", execution_time1)
    print("执行时间 2:", execution_time2)
#测试性能
start_time = time.time()
```

```
optimize_instruction_performance()
end_time = time.time()
execution_time = end_time - start_time
print("总执行时间:", execution_time, "秒")
```

对上述代码进行分析如下。

(1) 选择了适合的数据结构和算法。在示例中,使用了列表来存储数据,并使用 in 运算符判断数据中是否包含特定元素。这样可以通过列表的内部实现,快速进行查找操作,提高了指令的执行效率。

(2) 减少了内存访问和指令执行次数。通过使用内置函数 sum(),可以快速计算列表中元素的和,而不需要显式编写循环。这样可以减少循环次数和指令执行次数,提高了计算效率。

在循环优化方面,使用了 range()函数来生成一个步长为 2 的循环范围,从而实现了循环内的指令优化。通过循环展开和减少循环次数,可以减少指令执行的次数,提高了指令的性能。

(3) 展示了并行处理的示例。通过将代码段 1 和代码段 2 并行执行,可以提高程序的并发性和效率。在实际应用中,可以利用多线程、多进程或异步编程模型来实现并行处理,从而进一步优化指令的性能。

通过优化指令性能的技巧,可以提高程序的执行效率和响应速度。在实际开发中,根据具体需求和情况,可以应用更多的优化技术,从而达到更高的性能和可扩展性。

程序运行结果如下。

```
//————————————————————
数据中包含数字 5
数据的和为: 15
0
2
4
6
8
执行时间 1: 0.0
执行时间 2: 0.0
总执行时间: 0.0001342296600341797 秒
//————————————————————
```

5.5.2 常见性能优化技术

本节介绍了一些常见的性能优化技术,可以应用于指令编程中,以提高程序的执行效率和性能。常见的性能优化技术如下。

(1) 缓存优化: 合理利用缓存可以减少对内存的访问时间,提高数据的读取和存储效率。常见的缓存优化技术包括优化数据的局部性、数据对齐和缓存预取等技术。

(2) 代码重排和指令调度: 通过重新排列指令的执行顺序,可以减少指令之间的依赖关系,提高指令的并发性和执行效率。

(3) 资源管理和分配: 合理管理和分配计算资源,如内存、线程和进程等,可以提高程序的并发性和资源利用率,从而改善指令的性能。

(4) 并行计算：并行计算是通过将指令或任务并行执行，以提高程序的性能。常见的并行计算技术包括并行算法、并行编程模型（如多线程、多进程和分布式计算）、GPU 加速等。

示例代码如下。

```
import numpy as np
#缓存优化示例
def cache_optimization():
    #优化数据的局部性,尽可能连续存储数据
    data = np.random.randint(0, 100, size=(1000, 1000))
    sum_value = np.sum(data)
    print("数据总和:", sum_value)

    #优化数据对齐,使数据按照缓存行对齐
    a = np.random.rand(10000)
    b = np.random.rand(10000)
    c = np.random.rand(10000)
    result = a + b + c
    print("计算结果:", result)

    #缓存预取,通过合理的数据访问顺序提高缓存命中率
    data = np.random.randint(0, 100, size=(1000, 1000))
    for i in range(1000):
        for j in range(1000):
            value = data[i][j]
#代码重排和指令调度示例
def code_reordering():
    a = 1
    b = 2
    c = 3
    result = a + b + c
    print("计算结果:", result)
#资源管理和分配示例
def resource_management():
    #合理管理内存资源,避免内存泄露
    data = []
    for i in range(1000000):
        data.append(i)
    #合理分配线程资源,提高并发性
    import threading
    def worker():
        print("线程开始执行")
    threads = []
    for _ in range(10):
        t = threading.Thread(target=worker)
        threads.append(t)
        t.start()
    for t in threads:
        t.join()
#并行计算示例
def parallel_computing():
    import multiprocessing
    def worker(data):
```

```
        return data * 2
    pool = multiprocessing.Pool()
    data = [1, 2, 3, 4, 5]
    result = pool.map(worker, data)
    print("并行计算结果:", result)
#测试性能
cache_optimization()
code_reordering()
resource_management()
parallel_computing()
```

对上述代码进行分析如下。

(1) 展示了缓存优化的示例。通过优化数据的局部性,即使数据在内存中连续存储,也可以减少缓存的不命中率,从而提高数据的读取效率。另外,优化数据对齐可以使数据按照缓存行对齐,减少内存访问的次数和延迟。缓存预取则通过合理的数据访问顺序提前将数据加载到缓存中,减少等待时间,提高数据访问的效率。

(2) 展示了代码重排和指令调度的示例。通过重新排列指令的执行顺序,可以减少指令之间的依赖关系,提高指令的并发性和执行效率。在示例中,重新排列了变量的定义和计算操作的顺序,使得计算可以尽早进行,减少了指令之间的等待时间,提高了执行效率。

(3) 展示了资源管理和分配的示例。合理管理和分配计算资源,如内存、线程和进程等,可以提高程序的并发性和资源利用率,从而改善指令的性能。在示例中,展示了内存资源的管理,避免了内存泄露的情况。同时,通过合理地分配线程资源,可以实现多线程并发执行,提高程序的性能。

(4) 展示了并行计算的示例。并行计算是一种重要的性能优化技术,通过将指令或任务并行执行,可以提高程序的性能和响应速度。在示例中,使用了多进程并行编程模型,将一个任务拆分为多个子任务,并行地进行计算,最后将结果合并得到最终的计算结果。

通过运用这些常见的性能优化技术,可以提高指令编程程序的执行效率和性能,从而提升用户体验和系统的整体表现。在实际开发中,根据具体的需求和场景,可以结合这些技术来优化程序,从而提升指令的性能。

程序运行结果如下。

```
//————————————————————
数据总和: 49467036
计算结果: [2.24137071 1.84998388 2.11338791 … 0.9248896  1.50414446 1.58654375]
计算结果: 6
线程开始执行
线程开始执行
线程开始执行
线程开始执行
线程开始执行线程开始执行
//————————————————————
```

5.5.3 设计可扩展的指令编程模式

在应对不断变化的需求和规模增长时,需要保持程序的性能和可维护性,为此需要设计可扩展的指令编程模式。通常采用一些设计原则和模式来确保指令编程的可扩展性,包括以下几方面。

(1) 模块化设计：将程序划分为模块或组件，使其具有高内聚和低耦合性。这样可以轻松地扩展和修改指令功能，同时降低对其他模块的影响。

(2) 可配置性：通过使用配置文件或参数来实现指令的可配置性，使得程序可以根据需要进行自定义和调整，而无须修改源代码。

(3) 松耦合架构：采用松耦合的架构设计可以减少模块之间的依赖关系，提高系统的灵活性和可扩展性。常见的松耦合架构包括消息队列、事件驱动和微服务架构等。

(4) 异步编程：采用异步编程模型可以实现非阻塞的指令执行，提高程序的并发性和响应性。异步编程可以使用回调、Promise、async/await 等技术来实现。

除了上述提到的设计原则和模式外，以下技术和方法也可以帮助设计可扩展的指令编程模式。

(1) 并行计算：通过并行计算可以将指令或任务分解成多个子任务并行执行，以提高程序的性能和吞吐量。通常可以利用多线程、多进程、分布式计算或 GPU 加速等技术来实现并行计算。

(2) 分布式系统：当数据规模增长时，可以将系统设计为分布式架构，将指令分布到多台机器或节点上执行。分布式系统可以通过负载均衡、分片和复制等技术来实现高可用性和可扩展性。

(3) 缓存和数据存储优化：合理利用缓存和优化数据存储可以提高程序的性能。可以采用缓存技术(如 Redis、Memcached)来缓存指令的计算结果，减少对后端存储的访问。此外，对于大规模数据，可以采用分布式存储系统(如 Hadoop、Cassandra)来实现数据的分布式存储和处理。

(4) 自动化部署和扩展：通过使用自动化工具和技术，如容器化平台(如 Docker)和容器编排工具(如 Kubernetes)，可以实现指令的自动化部署和扩展。这样可以更快速、可靠地部署新的指令功能，并根据需求动态扩展指令的运行环境。

(5) 监控和性能调优：对指令进行监控和性能调优是保持程序可扩展性的重要步骤。通过监控指令的执行情况和性能指标，可以及时发现瓶颈并采取相应的优化措施，如优化数据库查询、调整系统配置等，以保证指令在大规模和高负载下的可扩展性。

(6) 设计可扩展的指令编程模式需要综合考虑模块化设计、可配置性、松耦合架构、异步编程、并行计算、分布式系统、缓存和数据存储优化、自动化部署和扩展、监控和性能调优等多方面。根据具体的需求和场景，选择合适的技术和方法来实现可扩展的指令编程模式。

5.5.4 性能测试和调优

性能测试和调优是优化指令性能的关键步骤。通过性能测试，可以评估程序的性能指标，如响应时间、吞吐量和资源利用率等。根据测试结果，可以进行针对性的性能调优，包括以下几方面。

(1) 代码优化：通过对程序的关键部分进行代码优化，如减少循环次数、简化条件判断、减少资源占用等，以提高指令的执行效率。

(2) 系统优化：优化操作系统和硬件环境，如调整系统参数、增加硬件资源、优化存储和网络等，以改善整体系统的性能。

(3) 剖析和分析工具：使用性能剖析和分析工具来监测和分析程序的性能瓶颈，找到性能瓶颈所在,从而针对性地进行优化。

(4) 循环优化:针对循环结构进行优化,如循环展开、循环合并、循环拆分等,以提高循环体内指令的执行效率。

示例代码如下。

```
import time                          #计算斐波那契数列的第 n 项
def fibonacci(n):
  if n <= 0:
   return None
  elif n == 1:
   return 0
  elif n == 2:
   return 1
  else:
    prev = 0
    curr = 1
  for _ in range(3, n+1):
     temp = curr
     curr = prev + curr
     prev = temp
     return curr
start_time = time.time()
result = fibonacci(40)
end_time = time.time()
execution_time = end_time - start_time
print("斐波那契数列的第 40 项为:", result)
print("执行时间:", execution_time, "秒")
```

对上述代码进行分析如下。

上述代码演示了计算斐波那契数列的第 n 项的功能,并进行了性能测试和调优。

在函数 fibonacci()中,使用了循环来计算斐波那契数列。通过迭代计算,避免了递归的性能问题,从而提高了程序的执行效率。

为了测试程序的性能,使用了 time 模块来计算程序执行的时间。首先记录开始时间 start_time,然后执行斐波那契数列的计算并得到结果,最后记录结束时间 end_time 并计算执行时间 execution_time。

通过性能测试,可以评估程序的执行效率,并进行必要的性能调优。在本示例中,计算了斐波那契数列的第 40 项,并输出结果和执行时间。

上述代码演示了优化指令性能的一个简单示例,通过避免递归、使用循环等技巧,提高了程序的执行效率。在实际开发中,可以根据具体需求和情况,应用更多的性能优化技术来提升程序的性能和响应速度。

程序运行结果如下。

```
//——————————————
斐波那契数列的第 40 项为: 1
执行时间: 3.0994415283203125e-06 秒
//——————————————
```

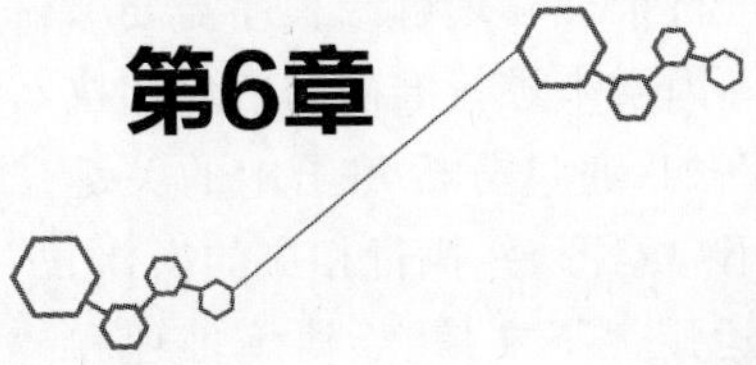

第6章 指令编程的挑战

本章将讨论指令编程中面临的各种挑战。这些挑战包括语义模糊、多义词、上下文理解、模棱两可的指令处理、异常情况与错误恢复、防止生成不当内容和面向大规模应用的策略等问题。为了应对这些挑战，本章介绍了一系列解决方案和技术，如上下文推断、澄清用户意图、异常情况识别与处理、错误恢复措施、限制生成空间、过滤器和评估器等。此外，针对大规模应用，探讨了优化策略和技术，以提高系统的性能、可扩展性和效率。通过本章的学习，读者将全面了解指令编程中的挑战，并获得应对这些挑战的关键知识和技术，从而构建更强大、可靠的指令编程系统。

6.1 指令编程中的常见问题与难点

本节将介绍指令编程中的常见问题与难点：语义模糊和歧义性、上下文理解和推断、用户意图的澄清和理解。

6.1.1 语义模糊和歧义性

在指令编程中，语义模糊和歧义性是常见的问题与难点。由于自然语言的特性，用户指令往往存在多义性和模糊性，即同一句话可能有多种解释和理解方式。这给程序的准确理解和执行带来了挑战。

语义模糊性是指指令中的单词或短语具有多个含义或解释。这种模糊性可能源自词汇的多义性，例如，单词"打开"可以表示打开门、打开文件等不同的含义；也可能源自短语的歧义性，例如，"三个学校的老师"既可以表示老师们分别来自三个学校，也可以表示三个老师来自同一个学校。程序在理解指令时需要根据上下文和语境进行适当的解释和选择，以确保正确的执行结果。

语义歧义性是指指令中的结构或语法可能存在多种解释。这种歧义性可能导致程序对用户意图的错误理解，从而产生错误的执行结果。例如，指令"请打电话给他"中的"他"可能指代不同的人，程序需要根据上下文或用户的个人信息来准确确定"他"的身份。类似地，一些常见的指令缩写或简写也可能导致歧义性，例如，指令"请关灯"可能有不同的解释，是指关闭顶灯还是关掉台灯呢？

解决语义模糊和歧义性的关键是使用上下文和语境信息进行推理和理解。程序需要综合考虑用户的先前指令、对话历史、用户个人信息和外部环境等因素来进行准确的解释和执行。这可能涉及语义解析、语义推理和上下文建模等技术。例如，通过分析句子中的关键词、语法结构和上下文信息，程序可以推断出最可能的解释和用户意图，并执行相应的操作。

解决语义模糊和歧义性是指令编程中的重要挑战。通过运用上下文信息、语境推理和语义模型构建等技术手段，可以提高程序对指令的准确理解和正确执行。在处理语义模糊性时，程序可以通过上下文的信息来消除歧义，如根据先前的指令或对话历史来确定特定词汇的含义。此外，使用语义角色标注和命名实体识别等技术可以帮助程序更好地理解指令中的关键信息和实体。同时，利用机器学习和深度学习的方法，可以构建语义模型和知识库，从大量的语料库中学习和推断指令的语义解释，提高指令理解的准确性。

目前，解决语义模糊和歧义性需要重点关注以下两方面。

(1) 语义理解的准确性受限于现有的语料库和知识库的覆盖范围和质量。如果系统遇到未见过的指令或领域特定的语言，可能会出现解释错误或无法处理的情况。

(2) 用户的指令可能会涉及复杂的逻辑推理和上下文推断，这对于程序来说是一个挑战。例如，理解含有条件、假设或比较的指令需要进行逻辑推理和语义推断，这可能需要更高级的技术和模型支持。

在未来，可以进一步研究和发展更先进的自然语言处理和机器学习技术，以应对语义模糊和歧义性的挑战。这包括更精确的语义角色标注、语义依存分析、篇章理解和常识推理等技术。此外，与知识图谱和领域专业知识的整合也可以提供更准确的指令理解和执行。通过不断改进和创新，可以使指令编程系统更加智能和可靠，从而满足用户日益复杂和多样化的需求。

6.1.2 上下文理解和推断

在指令编程中，上下文理解和推断是解决语义歧义和指令理解的关键方法之一。上下文包括当前指令的前后文信息、对话历史、系统状态和环境条件等，它们提供了指令的背景和相关信息，可以帮助程序更好地理解用户的意图和需求。

进行上下文理解和推理的关键步骤如下。

(1) 对上下文进行建模和表示。建模上下文需要考虑哪些信息是重要的、哪些是不相关的，以及如何将不同类型的上下文信息结合起来。常见的建模方法包括基于规则的方法、统计方法和基于深度学习的方法。规则方法依赖于手工编写的规则来解析上下文信息，但面对复杂的上下文情境时可能效果有限。统计方法使用统计模型来学习上下文信息的概率分布，可以根据历史数据对上下文进行建模，但对于复杂的推理任务可能不够灵活。基于深度学习的方法可以学习更复杂的上下文表示，通过神经网络模型捕捉上下文的语义和语境信息，但需要大量的标注数据和计算资源。

(2) 通过推断和利用上下文信息来解决歧义和指令理解问题。上下文推断涉及根据上下文信息进行逻辑推理和推断，以得出更准确的指令解释和执行。这需要程序能够识别和处理条件、假设、因果关系等逻辑结构，利用先前的指令和对话历史进行推断。例如，当用户提出含有条件的指令时，程序需要根据上下文信息判断条件的真假，以确定应该采取何种行动。上下文推断还可以包括对语义关联和语境依赖关系的识别，从而更好地理解和解释指令的含义。

为了实现有效的上下文理解和推断，需要使用多种技术和方法，包括自然语言处理技术、语义角色标注、语义依存分析、篇章理解和常识推理等。这些技术可以帮助程序分析和理解上下文中的语义关系、逻辑关系和语境信息，从而更准确地解释和执行指令。

在未来，上下文理解和推断的研究将继续发展，以解决更复杂的语义歧义和指令理解问题。这可能涉及更深入的上下文建模方法、更强大的推理和推断技术、更全面的语义理解和语境分析，以及更好地利用外部知识和领域专业知识。同时，结合机器学习和人工智能的发展，深度学习模型、强化学习和迁移学习等方法也将为上下文理解和推断带来新的突破。

目前，进行上下文理解和推断需要重点关注以下几方面。

（1）语境的动态性和多样性。上下文信息可能随着对话的进行不断变化，涉及对话历史的回溯和对当前上下文的敏感处理。此外，不同用户的上下文理解和推断也可能存在个体差异，需要个性化的模型和方法来适应不同用户的需求和偏好。

（2）处理复杂的上下文依赖关系和长距离依赖。某些指令可能需要跨越多轮对话或多个上下文信息进行推断和理解。例如，在一个长对话中，用户可能会提到之前的指令或对话内容，需要程序能够识别和利用这些信息，以解决当前的语义歧义和指令理解问题。

（3）解决数据稀缺性和领域适应性的问题。由于上下文的多样性和语义丰富性，获取足够的标注数据用于训练和评估模型是具有挑战性的。同时，不同领域和应用场景的上下文特点各异，需要针对特定领域进行适应性的建模和推断方法。

当涉及上下文理解与推断的问题时，一个常见的例子是虚拟助手或聊天机器人应用。假设用户与虚拟助手进行对话，他们可能会提出指令"明天早上提醒我去开会"。在这个指令中，存在语义模糊和歧义性，需要进行上下文理解和推断。

（1）语义模糊和歧义性的问题在这个指令中表现为不确定性。助手需要理解用户的意图，即确定用户是希望被提醒参加会议还是提醒他们去开会的地点。这个问题可以通过上下文的分析和推断来解决。助手可以回溯对话历史，查找之前的上下文信息，如前面的对话内容或用户的行为模式，以帮助消除歧义并理解用户的真实意图。

（2）需要考虑语境的动态性。在对话中，上下文信息可能会随着对话的进行而变化。例如，用户可能会提供更多的细节或调整之前的指令。助手需要灵活地处理这些变化，并根据新的上下文信息调整对指令的理解和推断。这需要通过对话管理和上下文跟踪的机制来确保准确地捕捉和利用上下文信息。

（3）可能需要考虑长距离依赖。在一个长对话中，用户可能会提到之前的指令或对话内容，需要助手能够跨越多轮对话进行推断和理解。例如，在前面的对话中，用户可能提到过具体的会议时间或地点，而助手需要将这些信息与当前的指令进行关联，以准确地执行用户的要求。

上下文理解与推断的问题在指令编程中是常见且关键的。通过分析并处理语义模糊和歧义性、动态的上下文信息、长距离的依赖关系，可以实现更准确和智能的指令交互。虚拟助手和聊天机器人等应用领域需要应对这些挑战，以提供更优质的用户体验和更高效的指令执行。

6.1.3 用户意图的澄清和理解

在指令编程中,准确理解用户的意图是实现编程的关键。用户意图是指用户在发送指令时所期望的结果或行为。用户意图可能会受到多种因素的影响,如指令的表达方式、上下文信息、用户的个人偏好和目标等。

为了澄清和理解用户意图,指令编程系统需要采用以下多种技术和策略。

(1) 系统可以使用自然语言处理技术来解析和分析用户指令,提取关键信息和实体,并将其转化为机器可理解的形式。例如,使用词性标注、句法分析和语义角色标注等技术,可以帮助识别指令中的动词、名词短语和语义角色。

(2) 上下文理解和推断对于澄清用户意图至关重要。系统需要考虑先前的指令历史、对话上下文、用户的偏好和目标,以更好地理解当前指令的意图。例如,系统可以利用对话历史来解析代词的指代,识别用户所指的对象或动作。此外,系统还可以使用推理和推断技术来填补指令中的信息缺失,根据上下文信息推断用户的意图。

(3) 有时用户的指令可能含糊不清或不完整,需要与用户进行进一步的交互以澄清其意图。系统可以通过提出问题、给出选项或提供建议等方式与用户进行交互,以确保正确理解用户的意图。例如,系统可以向用户请求进一步的详细信息或确认用户的意图,从而使得指令的执行更加准确。

(4) 不同用户可能会使用不同的表达方式和习惯语言,导致意图理解的多样性。此外,用户意图可能会受到上下文变化、多义词和歧义性的影响,使得系统需要具备辨别和解决这些问题的能力。因此,需要不断改进自然语言处理和机器学习技术,以提高对用户意图的准确理解能力。

用户意图的澄清和理解是指令编程中的一个重要问题。通过综合运用自然语言处理、上下文推断和用户交互等技术手段,可以提高系统对用户意图的准确理解能力。目前,进行用户意图的澄清和理解需要重点关注以下几方面。

(1) 多样性处理:考虑到不同用户之间的语言差异和个性化表达习惯,系统应具备处理多样性的能力。这包括使用灵活的自然语言处理模型和算法,以适应不同的表达方式和习惯用语。同时,系统可以通过个性化学习和用户建模来逐渐适应用户的偏好和习惯,进一步提高意图理解的准确性。

(2) 上下文感知性:有效的上下文理解和推断是准确理解用户意图的关键。系统需要考虑到对话的历史记录、当前对话的上下文信息和特定领域的知识,以更好地理解用户的指令。这可以通过建立对话状态跟踪和上下文管理机制来实现,使系统能够根据上下文信息进行意图解析和推断。

(3) 用户交互与反馈:为了澄清和理解用户意图,系统应该积极与用户进行交互并提供及时的反馈。系统可以通过提出问题、解释模糊指令的可能含义、提示用户提供更多信息或给出可选的选择等方式与用户进行有效的交互。此外,系统应该能够处理用户的反馈和修正,并及时调整对用户意图的理解。

(4) 持续改进和学习:指令编程系统应该具备持续改进和学习的能力,以不断提高对用户意图的理解和解析能力。通过收集和分析用户反馈数据、使用监督学习和强化学习等方法来进行模型的优化和训练,系统可以逐步改进其意图理解的准确性和鲁棒性。

在面对用户意图的澄清和理解时，指令编程系统需要综合运用自然语言处理、机器学习和人机交互等领域的技术和策略。通过不断研究和创新，可以提高系统对用户意图的准确理解能力，从而实现更高效、智能的指令交互体验。

6.2 处理模棱两可的用户指令

在指令编程中，处理模棱两可的用户指令是一个重要问题。模棱两可的指令可能会导致对用户意图的错误理解或执行错误的操作。因此，针对模棱两可的用户指令，需要采取以下策略和技术来识别歧义、消除歧义和解析指令。

(1) 模糊指令的识别和处理。模糊指令是指用户表达的指令不够明确或具有多种可能的解释。为了识别模糊指令，系统可以使用模糊匹配和模式识别的技术，通过与预定义的指令模板进行匹配来确定可能的意图。此外，可以采用统计方法和机器学习算法来识别模糊指令，并将其映射到最可能的意图。

(2) 多义词消除和语义推断。多义词是指具有多种不同含义的词语，导致指令的解释存在歧义。为了消除多义词，系统可以利用上下文信息、词义相似度计算和语境推断等技术来确定词语的最佳含义。通过使用语义推断算法和知识图谱等资源，系统可以进一步推理和解释用户指令的含义，以消除歧义。

(3) 上下文关联和指令解析。上下文关联是指将当前指令与先前的指令和对话历史联系起来，以更好地理解用户的意图和上下文信息。通过建立对话状态跟踪和上下文管理机制，系统可以维护和利用上下文信息来解析和执行用户指令。指令解析涉及将用户指令转化为可执行的操作，需要将解析后的指令与系统功能和操作进行匹配，并生成相应的执行指令。

在处理模棱两可的用户指令时，指令编程系统需要综合运用自然语言处理、机器学习和推理等技术。通过识别模糊指令、消除多义词、利用上下文信息和解析指令，系统可以更准确地理解用户意图并执行相应的操作，从而提供更智能、灵活的指令交互体验。

6.2.1 模糊指令的识别和处理

在指令编程中，经常会遇到模糊指令，即指令表达的意思不够清晰或具有多义性。在对模糊指令进行识别和处理时，需要采取以下技术和策略。

(1) 为了识别模糊指令，可以利用自然语言处理技术进行语义分析和句法解析，包括词性标注、命名实体识别、语义角色标注等任务。通过对指令进行语义解析，可以确定关键词和短语的含义及作用，从而帮助消除模糊性。例如，可以识别出特定动词或名词的上下文信息，以确定其具体操作或涉及的实体。

(2) 上下文理解是解决模糊指令的关键。指令的含义可能依赖于上下文信息，如前文的对话历史、先前的指令或系统的状态。通过建立上下文模型，可以对指令进行合理的解释和推断。上下文模型可以利用对话历史、用户配置信息和环境状态等数据进行建模，通过机器学习或规则匹配的方法，将当前指令与上下文信息关联起来，以更准确地理解用户意图。

(3) 为了处理模糊指令，可以借助用户反馈和交互来进行澄清和进一步理解。当系统遇到模糊指令或存在歧义的指令时，可以向用户发起提问或请求进一步的指令解释。通过与用户的交互,系统可以获得更多信息来准确理解指令,并确保正确的执行。

目前,模糊指令的识别和处理需要关注以下几方面。①模糊指令的识别和处理需要具备较强的语义理解能力和推理能力,这对于传统的基于规则或模板的方法来说是一个挑战。②模糊指令的多义性可能涉及领域特定的知识和语言规则,因此需要对不同领域和语境进行适应和学习。③不同用户的语言习惯和表达方式也会带来额外的复杂性,需要考虑个性化的指令处理。

为了解决上述问题,可以借助机器学习和深度学习技术,构建更强大的语义模型和上下文理解模型。例如,可以使用预训练的语言模型(如 BERT 或 GPT),来进行指令的语义表示和生成,从而提高对模糊指令的理解能力。此外,还可以利用领域特定的语料库和知识图谱来辅助模糊指令的处理,通过引入领域知识的约束和规则,提供更准确的指令解释和推断。

除了技术手段外,设计良好的用户界面和交互方式也可以有效解决模糊指令的问题。通过提供清晰、明确的提示和指导,引导用户准确表达意图,并及时给予反馈和提示,可以降低模糊指令的发生概率和处理难度。

处理语义模糊和歧义性是指令编程中的一项重要任务。通过结合自然语言处理技术、上下文理解和用户交互,可以识别和处理模糊指令,提高系统对用户意图的准确理解和执行效果。当涉及语义模糊和歧义性的处理时,可以采用以下方法。

(1) 同音字和近义词处理:在处理模糊指令时,有时用户可能会使用同音字或近义词,导致指令的含义不明确。例如,用户可能要求查询“水果的价格”,但误将“水果”写成“蔬菜”,导致系统无法准确理解用户的意图。在这种情况下,可以使用词义消歧算法来识别并纠正用户指令中的语义模糊性。

(2) 上下文推断和引导:上下文理解是处理语义模糊和歧义性的重要方面。系统可以通过分析上下文信息来推断用户意图。例如,当用户说“请给我一杯冷饮”时,系统可以根据之前的对话推断用户的意图是要咖啡而不是其他饮料。通过利用上下文信息,系统可以更好地理解模糊指令。

(3) 基于规则和知识库的解析:利用领域特定的规则和知识库可以解析模糊指令。例如,在智能助手的开发中,可以构建一个领域知识库,其中包含常见的问题和对应的解决方案。当用户提出一个模糊指令时,系统可以根据规则和知识库提供最可能的解释和建议。

(4) 用户反馈和迭代改进:处理语义模糊和歧义性是一个迭代的过程。系统可以通过用户反馈来改进对模糊指令的处理。例如,系统可以提供一个反馈机制,让用户判断系统对指令的解释是否正确,并根据用户的反馈进行调整和改进。

以上是处理语义模糊和歧义性的一些常见方法和示例。通过结合自然语言处理技术、上下文推断和用户反馈,指令编程系统可以更好地理解和处理模糊指令,从而提高用户体验和系统的执行效果。

6.2.2 多义词消除和语义推断

在指令编程中,多义词处理是一项常见任务。多义词是指某些词语在不同的上下文中具有不同的含义,使得指令因歧义性而理解困难。为了消除多义词的影响并进行准确的语义推断,可以采取以下方法和技术。

（1）上下文信息：通过利用上下文信息，包括先前的指令或对话历史，可以推断多义词的具体含义。例如，如果前面提到了特定的领域或主题，可以根据上下文确定多义词在该领域中的意义。上下文信息可以提供关键线索，帮助程序准确理解指令的含义。

（2）词向量表示：使用词向量表示可以捕捉词语之间的语义关系。通过将词语映射到高维空间的向量表示，可以测量词语之间的相似性和关联性。对于多义词，不同的含义通常对应不同的词向量。通过计算词向量之间的相似性，可以选择最匹配上下文的含义。

（3）语义角色标注：语义角色标注是一种将句子中的每个词语与其在句子中所扮演的语义角色相关联的技术。通过标注主谓宾等语义角色，可以帮助程序理解句子的结构和语义关系。在处理多义词时，语义角色标注可以提供对词语在句子中所扮演的角色的信息，从而帮助程序消除歧义。

（4）语义推理：语义推理是指通过逻辑推理和推断来获得新的信息和语义关系。通过建立逻辑规则和知识库，程序可以推断出与指令相关的隐藏信息或潜在关系。例如，如果指令中涉及条件或假设，可以利用逻辑推理来推断结果或相关事实。语义推理可以帮助程序更好地理解指令，并消除多义词造成的歧义。

综合使用上述方法和技术，可以提高程序对多义词的消除和语义推断能力。然而，仍然需要注意一些问题，如多义词的上下文判断可能存在误判或不准确，在复杂的逻辑推理和上下文推断中可能出现错误的情况等。因此，需要进一步研究和发展更高级的自然语言处理和人工智能技术，以提高指令编程系统对多义词的处理能力，实现更准确的指令理解和执行。

除了上述方法和技术外，还可以考虑以下应对语义模糊和歧义性的措施。

（1）上下文扩展：除了利用当前指令的上下文信息外，还可以通过扩展上下文范围来获取更全面的语义信息，包括分析整个对话历史、用户配置文件、领域知识库等。通过综合多个来源的上下文信息，可以更准确地确定多义词的含义。

（2）用户反馈机制：为了澄清和理解用户的意图，可以引入用户反馈机制。例如，当程序对指令存在多个可能的解释时，可以向用户提供选择或提问以获取更明确的指令含义。通过与用户进行交互，程序可以解决语义模糊和歧义性问题，并根据用户的反馈进行相应的调整和推断。

（3）多模态信息处理：结合文本、语音、图像等多种模态的信息，可以提供更丰富的语义上下文。例如，通过语音输入的指令可以结合语音的语调、重音等特征进行分析，通过图像信息可以获取更具体的指令含义。多模态信息处理可以提供更多线索，帮助消除语义模糊和歧义性。

（4）预训练模型与迁移学习：利用预训练的自然语言处理模型，如BERT、GPT等，可以提供丰富的语义表示和语境理解能力。通过迁移学习将这些模型应用于指令编程中，可以更好地处理语义模糊和歧义性。通过对大规模数据进行预训练，这些模型能够捕捉到广泛的语义信息，从而提高指令编程系统的准确性和效果。

解决指令编程中的语义模糊和歧义性是一个复杂而重要的问题，通常需要结合多种方法和技术，包括上下文信息、词向量表示、语义角色标注、语义推理等，以提高程序对多义词的消除和语义推断能力。此外，引入上下文扩展、用户反馈机制、多模态信息处理及预训练模型与迁移学习等方法也可以进一步提升指令编程系统的准确性和智能化程度。

6.2.3 上下文关联和指令解析

在指令编程中，上下文关联和指令解析是指令理解和执行中的常用解决方法。上下文关联是指将当前指令与先前的指令或对话历史相关联，以获得更准确的指令解释和执行。指令的含义和要求往往依赖于其上下文环境，因此，忽略上下文可能会导致指令的误解或错误执行。

一个常见的例子是处理代词和指代问题。当用户在对话中使用代词（如“它”“那个”）指代之前提到的实体时，程序需要能够理解代词所指的具体对象。这需要通过分析先前的对话历史和上下文信息来解析代词的指代关系。例如，在对话中，用户可能会说“将第二张图片移动到左侧”。在这种情况下，程序需要根据上下文判断“第二张图片”是指先前提到的某个特定图片，并将其正确地移动到左侧位置。

指令解析涉及将自然语言指令转化为可执行的计算机指令或操作。这需要对指令进行语法分析、语义分析和指令解释等处理。语法分析负责识别和验证指令的结构和语法正确性，确保指令的组成部分符合语法规则。语义分析进一步对指令进行解释和理解，确定指令的含义、操作和目标。指令解释则将指令转化为具体的计算机操作，以实现指令所描述的功能。

目前，上下文关联和指令解析需要关注以下几方面。①上下文关联可能涉及多个先前指令和复杂的对话历史，需要有效地建模和处理长期依赖关系。②指令解析也需要处理语义模糊和歧义性，以及复杂的逻辑推理和语义推断。这可能需要借助自然语言处理技术、知识图谱、机器学习和深度学习等方法来实现更准确和智能的指令解析。

为了解决上述问题，可以采用以下多种策略和技术。

(1) 引入上下文感知的模型和算法，将先前的指令和对话历史纳入考虑，以提供更准确的指令解释和执行。这可以通过引入记忆网络、对话状态跟踪和上下文表示学习等方法来实现。

(2) 使用知识图谱和语义网络来支持上下文关联和指令解析。知识图谱可以提供丰富的实体和关系信息，帮助程序理解指令中涉及的实体和它们之间的关系。语义网络可以捕捉概念之间的语义关联，从而在指令解析过程中提供更准确的语义解释和推理能力。

(3) 机器学习和深度学习技术也可以应用于指令解析的改进。通过训练模型使用大量的指令样本和对应的执行结果，可以建立指令理解和解析的模型，从而提高指令解析的准确性和效率。深度学习方法（如循环神经网络和注意力机制）可以用于上下文建模和指令解析中的序列学习和关注重点选择。

(4) 结合人机交互和用户反馈也是一种重要策略。用户反馈可以用于指导和校正指令解析的结果，帮助系统不断优化和改进。例如，系统可以通过询问用户澄清指令的含义或提供选项来解决模棱两可的指令。人机交互设计可以使用户能够更直观地表达指令，从而减少歧义和模糊性。

指令编程中的常见问题和难点包括语义模糊和歧义性、上下文理解与推断及用户意图的澄清和理解。解决这些问题需要结合上下文关联和指令解析的相关技术和策略，如上下文感知模型、知识图谱、机器学习和深度学习等。同时，结合人机交互和用户反馈也是提高指令编程系统效果的重要方法。通过不断研究和创新，可以实现更加智能和准确的指令编程体验。

6.3 处理异常情况和错误恢复

在指令编程中,处理异常情况和错误恢复是至关重要的。本节将探讨异常情况的识别和分类、错误恢复策略和处理机制、用户引导和问题解决。

(1) 异常情况的识别和分类是指在指令执行过程中,系统需要能够准确地检测和区分各种可能的异常情况,如语法错误、逻辑错误、运行时错误等。通过对异常进行分类,系统能够更好地理解问题所在,为后续的错误恢复提供基础。

(2) 错误恢复策略和处理机制是指系统在遇到异常情况时采取的相应措施和行动。针对不同类型的异常,系统可以设计相应的处理机制,如重新执行指令、回滚操作、提示用户修改指令等。错误恢复策略的目标是尽可能恢复到正常的执行状态,减少对用户的干扰和影响。

(3) 用户引导和问题解决是指系统在遇到异常情况时与用户进行有效的交互和沟通,引导用户理解问题,并提供解决方案。系统可以通过提供错误提示、建议修正、问题解释等方式与用户进行互动,以帮助用户解决问题或纠正错误。用户引导和问题解决的目的是增强用户体验,提高指令编程的成功率和效率。

处理异常情况和错误恢复在指令编程中具有重要的意义。通过准确识别和分类异常情况,制定相应的错误恢复策略和处理机制,并进行有效的用户引导和问题解决,可以提高指令编程系统的鲁棒性和用户满意度。为此需要结合异常处理技术、交互设计和用户引导等方面的知识和方法,不断改进和优化指令编程系统的性能。

6.3.1 异常情况的识别和分类

在指令编程中,处理异常情况是一个重要问题。异常情况包括指令不完整、指令格式错误、参数缺失、不支持的操作等。为了使程序能够正确处理这些异常情况,需要进行异常情况的识别和分类。

(1) 异常情况的识别是指程序能够检测到指令中存在的异常情况。这可以通过对指令进行语法分析和语义解析来实现。语法分析可以验证指令的格式是否符合语法规则,如检查括号匹配、操作符使用正确等。语义解析可以判断指令是否具有明显的语义错误,如参数类型错误、操作不支持等。通过这些分析手段,程序可以快速发现指令中存在的异常情况。

(2) 异常情况的分类是指将不同类型的异常情况进行分类,以便采取适当的处理措施。常见的异常情况可以分为语法错误、运行时错误和逻辑错误等。语法错误是指指令的格式错误或语法规则不符合要求,这可以通过语法分析阶段进行检测和分类。运行时错误是指在指令执行过程中发生的错误,如参数错误、数据访问越界、除零错误等。逻辑错误是指指令在逻辑上存在错误,如指令逻辑不一致、操作不符合预期等。通过将异常情况进行分类,可以有针对性地进行处理,提高程序的鲁棒性和可靠性。

为了实现异常情况的识别和分类,可以利用编程语言本身提供的异常处理机制。通过在程序中插入异常处理代码,可以捕获并处理指令执行过程中可能出现的异常情况。异常处理代码可以根据异常的类型进行相应的处理,如输出错误信息、回滚操作、提供修复建议等。此外，还可以利用机器学习和自然语言处理的技术，训练模型来自动识别和分类异常情况。通过分析大量的异常情况数据，可以建立模型来辅助程序进行异常情况的处理。

异常情况的识别和分类在指令编程中具有重要意义。它可以帮助程序及时发现和处理异常，提高程序的鲁棒性和可靠性。通过合理设计异常处理机制和利用先进的技术手段，可以有效应对指令编程中的异常情况，提供更好的用户体验和系统性能。

6.3.2 错误恢复策略和处理机制

在指令编程中，错误恢复策略和处理机制起着关键的作用。当程序在执行指令过程中遇到错误或异常情况时，及时采取正确的处理措施可以提高系统的稳定性和用户体验。

一种常见的错误恢复策略是错误提示和用户反馈。当程序检测到错误时，它可以向用户提供明确的错误提示，解释出现的问题，并提供相应的解决方案或建议。这可以帮助用户理解问题所在，并采取正确的操作来修复错误。错误提示可以采用文字说明、图形化界面、弹出窗口或日志记录等形式，具体取决于系统的设计和用户交互方式。

例如，假设用户在指令中输入了一个无效的参数，导致程序无法正确执行。系统可以通过错误提示告知用户输入的参数无效，并给出具体的提示，如提醒用户检查参数的格式或范围。这种错误提示可以帮助用户快速发现问题，并采取纠正措施，从而提高用户的满意度和系统的可用性。

另一种常见的处理机制是错误恢复和容错性。当程序出现错误时，它可以尝试自动修复或回滚到之前的可靠状态。例如，如果程序在执行指令的过程中遇到网络连接断开的问题，它可以尝试重新建立连接，或者回滚到之前的状态以避免数据丢失。容错性的设计可以提高系统的健壮性，降低错误对系统整体运行的影响。

此外，合理的错误处理还包括错误日志记录和错误报告机制。程序可以将错误信息记录到日志文件中，以便开发人员或系统管理员检查和分析错误的原因。错误报告机制可以自动向开发团队发送错误报告，以便他们及时处理和修复错误。这些机制有助于快速发现和解决潜在的问题，提高系统的可靠性和稳定性。

在处理错误和异常时，还需要考虑安全性和数据保护的问题。程序应该采取适当的措施来保护用户的隐私和数据安全，防止错误处理过程中的信息泄露或数据损坏。

错误恢复策略和处理机制在指令编程中起着重要作用。通过错误提示、错误恢复、容错性设计、错误日志记录和错误报告机制，可以提高系统的可靠性、稳定性和用户体验。在设计和实现指令编程系统时，需要充分考虑这些策略和机制，并根据具体的应用场景和需求进行灵活的调整和优化。

举个例子来说，假设一个指令编程系统用于控制智能家居设备。用户可以通过语音或文本指令来控制灯光、温度、安防等功能。在执行指令的过程中，系统可能会遇到各种错误情况，如设备不在线、指令格式错误、设备故障等。

通过错误恢复策略和处理机制，该系统可以实现自动的错误检测和修复功能。例如，当用户发送指令时，系统可以检查设备的在线状态。如果设备不在线，系统可以自动尝试重新连接设备，直到连接成功为止。如果指令格式错误，系统可以给出明确的错误提示，指导用户重新输入指令。对于设备故障的情况，系统可以自动检测并向用户发送警告信息，提醒用户检查设备状态或寻求专业维修服务。

此外，该系统还应具备错误日志记录和报告机制。当系统遇到错误时，它可以将错误信息记录到日志文件中，以便系统管理员或开发人员进行排查和分析。同时，系统也可以配置错误报告功能，将错误信息自动发送给相关团队，以便及时处理和解决问题。

由此可以看到在指令编程中针对错误恢复策略和处理机制的实际应用。这些措施的综合运用可以提高指令编程系统的可靠性、稳定性和用户体验，确保系统能够准确理解用户的意图并正确执行指令。

6.3.3 用户引导和问题解决

在指令编程中，用户引导和问题解决是解决用户意图澄清和理解方面的常见方法。当用户的指令不够明确或存在歧义时，程序需要与用户进行交互，引导用户提供更详细或具体的信息，以便正确理解用户的意图并执行相应的操作。

一种常见的用户引导方式是提供问题解决的提示或建议。当程序无法准确理解用户的指令时，它可以向用户提供一系列可能的选项或问题，以帮助用户澄清意图。例如，用户提出一个含糊的指令，如“打开文件”，程序可以回复“请问您要打开哪个文件？可以告诉我文件的名称或路径。”通过提供具体的问题，程序可以引导用户提供更多的信息，以便准确执行操作。

另一种用户引导的方式是使用对话式交互。程序可以与用户进行对话，通过提问、回复和解释等方式来澄清和理解用户的意图。在这种交互过程中，程序可以根据用户的回答进一步追问，直到获得足够的信息来正确执行指令。例如，当用户提出一个复杂的指令时，程序可以逐步追问用户相关的细节，以便全面理解用户的意图并提供准确的响应。

此外，自然语言处理技术和机器学习算法也可以在用户引导和问题解决中发挥作用。程序可以利用文本分类、命名实体识别和意图识别等技术来分析用户输入的文本，并根据已有的知识库或语料库进行匹配和推理，从而更好地理解用户的意图。例如，程序可以根据用户输入的关键词或短语推断用户的意图，并提供相应的问题或选项来引导用户澄清。

在实际应用中，用户引导和问题解决需要结合人机交互设计和用户体验考虑。程序应该以简洁明了的方式提问，避免过多的技术术语或复杂的表达方式，以便用户能够轻松理解并提供准确的回答。同时，程序应该及时给予反馈和解释，以便用户理解程序的引导意图，并且在需要时提供额外的帮助或支持。

用户引导和问题解决在指令编程中起着重要的作用，帮助程序理解和满足用户的需求。通过合理的交互设计、自然语言处理技术和机器学习算法的应用，可以提供更智能的用户引导和问题解决，提高程序对语义模糊和歧义性的处理能力。目前，用户引导和问题解决需要关注以下几方面。

（1）用户引导和问题解决需要处理复杂的对话场景。在实际应用中，用户可能提出多个连续的指令或问题，而这些指令之间可能存在依赖关系或上下文联系。程序需要能够跟踪对话的上下文，理解先前的指令和回答，并根据对话历史来引导用户提供更具体的信息。这需要建立对话管理和上下文理解的机制，以便在多轮对话中准确地解决语义模糊和歧义性。

（2）用户引导和问题解决中存在用户态度、情感和语气等因素。用户的态度和情感可能会对指令的表达和理解产生影响，而语气的变化可能会导致指令的解读产生偏差。程序需要具备情感分析和语音识别等技术来识别和处理这些因素，以便更全面地理解用户的意图和需求。

6.4 防止模型生成不当内容的技术和策略

在指令编程中，防止模型生成不当内容是一个重要任务。由于指令编程系统通常使用机器学习模型生成响应或结果，存在一定的风险，即模型可能生成不恰当、不准确或不合规的内容。为了解决这个问题，可以采取以下技术和策略来保证生成内容的质量和合规性。

(1) 内容过滤与合规性检查是防止模型生成不当内容的关键策略。该策略涉及建立过滤机制和规则，对模型生成的内容进行筛查和检查，以确保其符合预期的标准和规范。该策略可能包括对敏感信息、不当语言、歧视性内容等进行识别和过滤，以确保生成的指令符合法律、道德和社会准则。

(2) 模型修正与修饰是一种常见的技术手段，用于改善模型生成的内容。该技术包括对模型进行训练和调整，使其更准确地理解和响应用户的指令。修正和修饰可以通过增加训练数据、调整模型参数、引入先验知识等方式来实现，以提高模型的性能和生成内容的质量。

(3) 用户反馈与迭代改进是防止模型生成不当内容的重要机制。用户的反馈可以帮助发现和纠正模型生成内容的问题，如提供正确的标注、指出误导性的结果或不恰当的回答。通过收集用户反馈并进行迭代改进，可以逐步优化模型，减少不当内容的生成。

防止模型生成不当内容是指令编程中的一个重要任务。通过内容过滤与合规性检查、模型修正与修饰、用户反馈与迭代改进等技术与策略的综合应用，可以有效降低不当内容的风险，提高模型生成内容的质量和合规性。鉴于指令编程领域的复杂性和多样性，仍然需要进一步研究和创新，以寻找更加全面和有效的方法来解决该问题，并不断提升指令编程系统的可靠性和用户满意度。

6.4.1 内容过滤与合规性检查

在指令编程中，内容过滤与合规性检查是一项重要任务。由于指令编程通常涉及生成文本、代码或其他形式的输出，存在着一些潜在的风险，如不当内容、违规信息或有害信息的生成。因此，需要采取一系列技术和策略来进行内容过滤和合规性检查，以确保所生成的内容符合要求。

内容过滤是指对生成的内容进行筛选和过滤，以删除或屏蔽不当、不合适或有害的内容。这可以通过多种方式实现，如关键词过滤、情感分析、语义理解等。关键词过滤是指对生成的内容进行关键词匹配，识别并过滤掉包含不恰当或敏感词汇的内容。情感分析通过分析生成内容中的情感色彩，判断其是否积极、消极或中性，以过滤不当的情感表达。语义理解可以帮助系统理解生成内容的含义和上下文，从而判断其是否合适和符合规范。

除了内容过滤外，合规性检查也是非常重要的。合规性检查是指对生成的内容进行规范性和合法性的审查。这涉及对生成内容的结构、语法、逻辑等方面进行检查，以确保其符合相应的规范和标准。例如，在生成代码的情况下，需要检查生成的代码是否符合编程语言的语法规则，是否存在潜在的安全漏洞或违规行为。在生成文本的情况下，需要检查文本是否符合语言的语法、语义和风格要求，以及是否包含不恰当的表达或违规内容。

为了有效进行内容过滤和合规性检查，可以结合人工智能和机器学习技术。通过训练模型和算法，可以使系统具备自动识别和过滤不当内容的能力。这可以通过构建标注数据集、训练分类器或生成模型来实现。同时，也可以借助规则引擎和规则库来进行合规性检查，定义相应的规则和条件，对生成内容进行评估和验证。

内容过滤与合规性检查的目的是确保生成的内容符合法律、伦理和社会规范，以保护用户的权益和维护系统的声誉。这些措施有助于防止不当内容的传播和使用，提升用户体验。通过合理设计和实施内容过滤与合规性检查的策略，可以最大限度地减少不当内容的生成和发布，确保系统在指令编程过程中遵循合适的规范。

目前，内容过滤与合规性检查需要重点关注以下几方面。

(1) 语言的多样性和语境的复杂性导致了语义模糊和歧义性的存在。相同的语句或词汇在不同的语境中可能具有不同的含义，这给内容过滤和合规性检查带来了困扰。例如，某些词汇在特定领域中可能是合适的，但在其他领域中可能具有负面含义。因此，需要考虑上下文信息和语境判断，以便更准确地识别和处理内容。

(2) 上下文理解和推断是内容过滤与合规性检查中的关键问题。指令编程系统需要能够理解用户的意图，并在生成内容时考虑到上下文信息。例如，在用户提出含糊不清的指令时，系统需要能够推断出用户的意图并给出准确的响应。这涉及对用户历史数据、上下文环境和语境信息的分析和理解，以便更好地进行内容过滤和合规性检查。

(3) 用户意图的澄清和理解也是指令编程中的常见难点。用户指令可能存在多义性或不完整性，导致系统无法准确理解用户的真实意图。这就需要系统与用户进行交互，并通过提出适当的澄清问题来获取更多信息。通过有效的对话和交互，系统可以更好地理解用户的意图，并相应地进行内容过滤和合规性检查。

内容过滤与合规性检查是指令编程中重要的环节，旨在确保生成的内容合适、合规和符合规范。面对语义模糊和歧义性、上下文理解与推断及用户意图的澄清和理解等问题，需要采用多种技术和策略来解决。结合人工智能、机器学习和规则引擎等技术，可以提高内容过滤与合规性检查的准确性和效率，从而保证系统在指令编程过程中生成合适和符合规范的内容。

6.4.2 模型修正与修饰

在指令编程中，需要确保生成的模型输出符合预期，并且不包含不当或不合适的内容。模型修正与修饰是一种技术与策略的组合，旨在解决这个问题。

模型修正的目标是通过对生成的指令进行筛选和修正，确保其语义正确且符合预期。这可以通过引入语义解析和逻辑推理的技术来实现。例如，可以使用自然语言理解技术对生成的指令进行语法分析和语义解析，将其转换为机器可理解的表示形式。然后，可以应用逻辑推理规则来验证指令的逻辑一致性和正确性。如果存在错误或不一致之处，可以对指令进行修正或提供合理的建议。

模型修饰的目标是通过在生成的指令中引入特定的修饰信息，改变其含义或行为。修饰可以是基于上下文的，根据指令的执行环境或特定条件进行调整。例如，可以引入条件修饰符，使指令在特定条件下执行特定操作，或者引入修饰语句来调整指令的执行方式。修饰可以通过标记、注释或附加指令进行表示,从而提供更精确的控制和调整。

在模型修正与修饰中,关键是在保持指令的可理解性和可执行性的同时,进行合理的修正和调整。这需要深入理解用户的意图和期望,并与用户进行有效的交互和反馈。此外,需要考虑指令的上下文信息,确保修正和修饰与整个指令流程和应用环境相一致。

在指令编程中,模型修正与修饰的方法和技术可以根据具体应用场景和需求进行灵活的设计和实现。以下是一些具体的示例解释,展示了模型修正与修饰的应用。

(1) 语义修正与澄清:在智能助手应用中,用户可能会提出含糊不清或具有歧义的指令。例如,用户可能说“我想找一家不错的餐厅。”这个指令中的“不错的餐厅”并没有明确的定义。在这种情况下,系统可以通过请求进一步澄清用户的意图。例如,系统可以回复“您想要中餐厅、西餐厅还是其他类型的餐厅?”通过澄清用户的偏好,系统可以修正指令中的歧义,以便更准确地满足用户的需求。

(2) 上下文感知的修饰:在智能家居控制系统中,用户可以通过指令控制家中的各种设备和功能。例如,用户可以说“打开灯。”然而,这个指令在没有提供上下文的情况下可能会导致不确定性。系统可以通过上下文感知的修饰来改善这种情况。例如,系统可以记录用户之前的操作或设备状态,并根据当前上下文自动调整指令的含义。如果用户之前关闭了灯,那么“打开灯”可以被修饰为将灯从关闭状态切换到打开状态,而不是简单地打开灯。

(3) 安全性修正与策略:在金融领域的指令编程应用中,安全性是至关重要的考虑因素。例如,在用户进行交易操作时,系统需要对指令进行修正和修饰,以确保操作的合法性和安全性。系统可以引入安全修饰符,如要求用户输入密码、提供二次确认或使用双因素身份验证等。这样可以防止恶意操作或误操作,并增加系统的安全性。

模型修正与修饰在指令编程中起着关键的作用,可以解决语义模糊、上下文理解和用户意图澄清等常见问题和难点。通过合理应用修正和修饰的技术与策略,指令编程系统可以更好地满足用户需求,并提供更准确、可靠和安全的指令执行。这样不仅提升了用户体验,也增强了系统的可用性和可信度。

6.4.3 用户反馈与迭代改进

在指令编程中,用户反馈和迭代改进是提升用户满意度的关键步骤。通过积极收集和利用用户的反馈信息,开发团队可以不断改进指令编程系统,以提供更好的用户体验和性能。

用户反馈可以来自多个渠道,如用户评价、建议、漏洞报告等。这些反馈信息可以帮助开发团队了解用户在使用指令编程系统时遇到的问题、需求和期望。通过分析和整理这些反馈信息,开发团队可以发现系统存在的缺陷、改进的空间和用户的痛点。

基于用户反馈,开发团队可以进行迭代改进。这包括修复已知的问题和缺陷,增加新功能和改进现有功能,优化系统性能和响应速度,等等。通过持续的迭代改进,指令编程系统可以逐步提升其功能完备性、稳定性和用户友好性,以满足用户不断变化的需求。

在进行迭代改进时,开发团队可以采用敏捷开发方法,将反馈信息转化为具体的改进计划和任务。这可以帮助团队有条不紊地推进改进工作,并及时响应用户的需求。同时,团队也可以通过与用户的密切合作和沟通,进一步理解用户的需求和期望,确保改进方向的准确性和有效性。

除了直接的用户反馈外，开发团队还可以利用数据分析和用户行为统计来获取更深入的洞察。通过收集和分析用户的操作数据、使用习惯和行为模式，团队可以发现用户的偏好和痛点，从而有针对性地改进指令编程系统的设计和功能。

用户反馈和迭代改进是指令编程系统持续发展和提升的关键环节。通过积极倾听用户的声音、及时采纳反馈意见，并将其转化为实际的改进措施，开发团队可以不断提升指令编程系统的质量、可用性和用户满意度。这种持续改进的循环过程将为用户提供更加强大、智能和便捷的指令编程体验。

下面对用户反馈和迭代改进的过程进行详细说明。

(1) 用户反馈收集：开发团队通过多种途径主动收集用户反馈，如在应用中设置反馈通道或通过电子邮件、社交媒体等渠道与用户互动。例如，一款虚拟客服系统收集用户反馈后发现，有些用户在提问时会遇到模糊的指令理解问题，如使用含糊描述的关键词。通过用户反馈，团队意识到了这个问题，并能够进一步改进系统的自然语言处理能力，以更好地理解用户的意图。

(2) 反馈分析与整理：开发团队对收集到的用户反馈进行分析和整理，以确定其中的共性问题和优先级。例如，在一个智能问答系统中，团队分析用户反馈后发现，有多个用户提到了对某些特定领域的问题回答不准确。通过整理这些反馈，团队认识到需要增加对特定领域知识的支持，并将此作为下一阶段改进的重点。

(3) 迭代改进计划：基于用户反馈和分析结果，开发团队制订迭代改进计划。这包括确定需要解决的问题、改进的功能、修复的缺陷等具体任务，并进行优先级排序。团队可能会决定先着手解决一些常见的语义模糊和歧义问题，因为这些问题对用户体验影响较大。他们可能还计划在下一次迭代中引入上下文理解和推断的功能，以进一步提升系统的指令理解能力。

(4) 实施改进措施：开发团队根据迭代改进计划，实施具体的改进措施。这可能包括优化自然语言处理算法、增加上下文建模功能、引入机器学习模型来澄清用户意图等。团队会进行相应的开发、测试和部署工作，以确保改进措施的正确性和稳定性。

(5) 反馈循环和持续改进：改进措施实施后，开发团队再次收集用户反馈，观察改进效果并评估用户满意度。他们会继续与用户进行互动，了解改进的效果并发现新的问题和需求。这种持续的反馈循环使得指令编程系统能够不断改进。

(6) 用户参与和共同进化：在用户反馈和迭代改进的过程中，用户参与起着重要的作用。他们的反馈和需求是系统改进的主要驱动力之一。开发团队可以积极与用户进行沟通和合作，邀请他们参与测试、评估和优化过程。这种用户参与的方式有助于建立一个共同进化的生态系统，使得系统能够更好地适应用户的需求和使用场景。

(7) 示例解释：一家电商平台的个性化推荐系统经过初次实施后，用户反馈表明一些推荐结果并不符合他们的偏好。通过收集和分析用户的反馈，团队发现其中一个主要问题是系统无法准确理解用户的喜好变化和兴趣演变。为了解决这个问题，团队计划引入上下文理解和推断的技术，以更好地捕捉用户的兴趣变化和需求变化。在下一次迭代中，他们实施了这些改进措施，并重新推出了改进后的个性化推荐系统。通过再次收集用户反馈，团队发现用户对改进后的推荐结果更满意，且购买转化率有所提高。然而，用户仍然提到了一些特定的推荐结果不准确的情况。团队通过进一步的改进和优化，修复了这些问题，并持续与用户进行反馈循环，使得个性化推荐系统更加完善。

用户反馈与迭代改进是指令编程中解决问题和提升系统质量的关键步骤。通过不断收集和分析用户反馈，团队能够深入了解用户需求和痛点，并根据反馈结果制订具体的改进计划。实施改进措施后，再次与用户互动和收集反馈，形成持续改进的循环。这种反馈驱动的开发过程使得指令编程系统能够不断优化和适应用户需求，提供更好的用户体验和价值。

6.5 面向大规模应用的指令编程策略

本节主要介绍以下面向大规模应用的指令编程策略。

(1) 讨论性能优化和扩展性设计，涵盖代码优化、算法改进和数据结构优化等方面，以提高指令编程系统的执行效率并满足不断增长的用户量。

(2) 研究并行计算和分布式计算，探讨如何设计和实现并行计算模型，充分利用计算资源，提高任务的处理能力和响应速度。

(3) 关注资源管理和负载均衡，探索有效管理系统资源、平衡负载的原理和算法，以确保系统的高可用性、稳定性和高效的资源利用。

通过深入了解和应用这些面向大规模应用的指令编程策略，可以构建出高性能、可扩展和可靠的指令编程系统，满足现代大规模应用场景的需求，并提供卓越的用户体验。

6.5.1 性能优化和扩展性设计

在面向大规模应用的指令编程中，性能优化是一项关键任务。通过对代码进行优化，可以减少指令的执行时间，提高系统的响应速度和吞吐量。一种常见的优化方法是通过使用更高效的算法和数据结构来改进指令的执行效率。例如，对于需要频繁搜索和查找操作的指令，可以采用更快速的搜索算法(如二分查找)或使用散列表等数据结构来加快数据的访问速度。此外，对于涉及大规模数据处理的指令，可以采用分而治之的策略，将任务拆分成更小的子任务进行并行处理，以提高整体的执行效率。

除了性能优化外，扩展性设计也是关注的焦点。随着用户量的增加，指令编程系统需要具备横向和纵向扩展的能力。横向扩展是指通过增加服务器数量来分担负载，提高系统的并发处理能力。这可以通过引入负载均衡和分布式计算技术来实现，将用户请求均匀地分配到不同的服务器上，以确保系统的稳定性和高可用性。纵向扩展是指通过增加单个服务器的计算和存储资源，提升系统的处理能力和容量。这包括增加服务器的 CPU、内存和存储等硬件资源，以及优化系统的架构和设计，使其能够有效地利用这些资源。

在性能优化和扩展性设计中，还需要考虑系统的可维护性和可扩展性。良好的代码结构、模块化设计和合适的设计模式可以使系统更易于维护和扩展。同时，采用合适的监控和调试工具，进行性能测试和性能优化，可以及时发现并解决系统中的瓶颈和性能问题。

下面通过示例对性能优化和扩展性设计中的关键因素进行详细说明。

(1) 代码优化：通常可以使用更高效的算法和数据结构来替代低效的实现。例如，对于虚拟客服系统中的智能问答功能，常见的问题是处理模棱两可的用户指令。为了提高性能，可以使用自然语言处理技术和机器学习算法来解析和理解用户的指令，以便更加快速和准确地提供答案。此外，还可以采用缓存技术来缓存常见问题的答案，避免重复计算，从而加快响应速度。

(2) 横向扩展：横向扩展是常见的策略之一，通过增加服务器数量来分担负载。例如，在个性化推荐与电子商务系统中，随着用户数量的增加，服务器可能面临过载的情况。通过引入负载均衡技术，可以将用户请求均匀地分配到多个服务器上，提高系统的并发处理能力。这样可以保持系统的稳定性和高可用性，同时提供快速响应的体验。

(3) 纵向扩展：纵向扩展通常涉及增加单个服务器的计算和存储资源。例如，在智能编程助手与代码生成系统中，当用户提交大规模的代码任务时，需要充分利用服务器的计算能力来快速生成代码。通过增加服务器的CPU核心数、内存容量和存储容量，可以提升系统的处理能力和容量，以满足高负载的需求。

(4) 可扩展性：采用模块化设计和合适的设计模式可以使系统更易于扩展和维护。例如，使用微服务架构可以将系统拆分成多个独立的服务，每个服务专注于特定的功能，并可以独立进行开发、部署和扩展。这种设计方式使得系统更具弹性和可伸缩性，可以根据需要动态地增加或减少服务的数量。

(5) 可维护性：合适的监控和调试工具可以帮助发现和解决系统中的瓶颈和性能问题。性能测试和基于反馈是评估系统性能和确定优化点的重要手段。通过对系统进行压力测试和负载测试，可以模拟大规模用户访问和请求的场景，以评估系统的性能表现和瓶颈所在，并针对性地进行优化。

(6) 资源管理和负载均衡。合理分配和管理系统的计算资源、存储资源和网络资源，以确保系统的高效利用和平衡负载。例如，通过动态扩展和收缩服务器集群的规模，根据实际需求分配资源，并实时监控系统的状态和性能指标，以此进行负载均衡和资源优化。

在实际应用中，性能优化和扩展性设计的具体方法和策略可能因系统需求和架构而异。

(1) 对于虚拟客服与智能问答系统，除了前面提到的优化技术外，还可以采用分布式缓存技术(如Redis或Memcached)来缓存频繁访问的数据，提高响应速度。同时，使用负载均衡器(如Nginx或HAProxy)进行请求分发，以实现横向扩展和负载均衡。

(2) 对于个性化推荐与电子商务系统，可以使用分布式计算框架(如Apache Spark)进行大规模数据处理和分析，以加速推荐算法的计算和模型训练过程。此外，采用分布式数据库(如Apache Cassandra或Hadoop HBase)来处理大规模数据存储和查询，以满足系统的扩展性需求。

(3) 对于智能编程助手与代码生成系统，可以使用并行计算和分布式任务调度框架(如Apache Hadoop或Apache Flink)来实现并行处理和分布式代码生成任务，以加速代码生成过程。此外，可以使用缓存技术来存储已生成的代码片段，以避免重复生成，从而提高性能和用户体验。

在面向大规模应用的指令编程中，需要综合考虑性能优化和扩展性设计，通过代码优化、算法改进、硬件扩展、架构设计和资源管理等手段，提高系统的执行效率、容量和可维护性。这样可以满足大规模用户量的需求，确保系统稳定可靠地运行，并提供良好的用户体验。

6.5.2 并行计算和分布式计算

在面对大规模数据和复杂计算任务时，采用并行计算和分布式计算可以显著提高指令编程系统的处理能力和响应速度。

并行计算是指将一个大任务拆分成多个小任务，然后同时执行这些小任务，从而加快整体计算速度。在指令编程中，可以通过设计和实现并行计算模型来充分利用计算资源。常用的并行计算模型有以下两种。

(1) 线程池：线程池通过创建一组预先分配的线程并维护一个任务队列，将任务提交给线程池进行执行。这样可以避免频繁创建和销毁线程的开销，提高任务调度和执行的效率。线程池可以根据系统的负载情况自动调整线程数量，保持合适的并发度，同时可以控制线程的生命周期和资源消耗。

(2) 分布式任务调度：在分布式计算中，任务可以被分发到多个计算节点上进行并行执行。这种方式可以充分利用多台计算机的计算资源，实现更高的并发性和处理能力。分布式任务调度需要解决任务分发、节点间通信和结果汇总等问题，常见的实现方式包括消息队列、分布式文件系统和分布式数据处理框架等。

在设计并行计算模型时，需要考虑任务的划分和调度策略。合理的任务划分可以确保任务间的负载均衡，避免某些节点过载或资源浪费的情况。调度策略可以根据任务的特性、节点的性能和负载情况，动态地分配任务，优化计算资源的利用率。同时，需要考虑任务间的依赖关系和数据通信方式，确保并行计算的正确性和一致性。

除了并行计算外，分布式计算也是提升指令编程系统性能的关键因素。分布式计算将计算任务分发到多个计算节点上进行并行处理，可以充分利用分布式存储和计算资源，应对大规模数据的处理需求。在分布式计算中，需要解决数据分发、节点间通信、任务调度和结果合并等问题。常见的分布式计算框架包括 Apache Hadoop 和 Apache Spark 等，提供了分布式数据处理和计算能力，支持大规模数据集的处理和分析。

在设计分布式计算模型时，需要考虑任务的划分和调度策略，确保负载均衡和资源利用率。同时，分布式计算的设计需要解决数据分发、节点间通信和任务调度等问题，可以借助消息队列、分布式文件系统和分布式数据处理框架等技术来实现分布式计算的功能。

在实际应用中，为了充分发挥并行和分布式计算的优势，需要对系统进行性能优化和扩展性设计。性能优化可以通过调整任务划分和调度策略、优化数据通信和计算算法等方式来提升系统的计算效率。扩展性设计充分考虑系统的可扩展性和弹性，以应对不断增长的数据和计算需求。扩展性设计包括动态资源分配、自动负载均衡、节点故障处理和水平扩展等措施，确保系统能够适应不断变化的规模和负载。

当涉及大规模数据处理的场景时，如数据分析、机器学习训练或图像处理，使用并行计算和分布式计算策略可以显著提高系统的处理能力和效率。例如，假设有一个需要对大规模数据集进行图像处理的任务，可以采用并行计算来加速处理过程。

在并行计算中，可以将数据集划分为多个小块，然后将这些块分发给多个计算节点。每个节点可以独立地对自己分配到的数据块进行图像处理操作。这样，不同节点之间的处理是并行进行的，大大加快了整体的处理速度。节点之间可以通过消息传递机制进行通信，共享必要的数据或结果。

分布式计算可以应用于处理大规模的机器学习训练任务。在传统的机器学习训练中，大规模数据集的处理可能需要很长时间，限制了模型的训练速度和迭代次数。通过分布式计算，可以将数据集划分为多个部分，并将这些部分分发到不同的计算节点上进行并行训练。每个节点可以独立地计算梯度更新,并将结果汇总到一个中心节点进行模型参数的更新。这样可以加速训练过程,使得模型能够更快地收敛和生成准确的预测模型。

此外,在分布式计算中,负载均衡和资源管理也是关键因素。系统需要根据任务的特点和计算节点的性能来合理地分配任务,以调整各个节点的负载均衡和资源利用率。同时,节点间的通信和数据同步也需要进行有效的管理,以避免数据冗余和通信延迟。

通过并行计算和分布式计算策略,可以解决大规模应用中的计算问题。这些策略可以应用于各种领域,如大数据处理、机器学习、科学计算和云计算等,以提高任务执行效率并满足不断增长的计算需求。

6.5.3 资源管理和负载均衡

资源管理和负载均衡在面向大规模应用的指令编程中扮演着重要的角色。资源管理涉及对系统资源的有效分配和利用,包括内存、存储和网络等方面。在大规模应用中,随着用户数量和请求量的增长,资源管理变得尤为关键。为此需要设计合理的资源管理策略,以确保系统能够高效地分配和利用资源,避免资源瓶颈和性能下降。

资源管理涉及多方面,其中之一是内存管理。在大规模应用中,内存的合理分配和释放至关重要。通常可以采用各种技术,如内存池、垃圾回收机制和内存压缩等,以提高内存的利用率和系统的整体性能。此外,存储和网络资源也需要进行有效管理,包括数据存储方案的设计、数据分片和复制策略的制定,以及网络拓扑的优化等。通过合理规划和管理这些资源,可以提高系统的可扩展性和鲁棒性。

负载均衡是另一个关键领域,它涉及将用户请求均匀分配到系统中的不同节点上,以实现高效的资源利用和请求处理。在大规模应用中,节点的负载可能会出现不均衡的情况,导致某些节点过载而其他节点处于空闲状态。为了解决这个问题,可以采用负载均衡算法,如轮询、最少连接和基于权重的负载均衡等,以此动态调整请求的分发策略。此外,还可以结合监控和自适应调节机制,根据节点的负载情况实时调整负载均衡策略,以确保系统的高可用性。

在实际应用中,资源管理和负载均衡往往是复杂且动态变化的。因此,需要综合考虑各种因素,如系统的架构设计、请求的特征和系统的运行状态等,以此制订适合的资源管理和负载均衡策略。同时,还可以利用监控和日志分析等手段,对系统的资源使用情况和负载均衡效果进行实时监测和调整。通过不断优化和改进资源管理和负载均衡策略,可以提高系统的性能和可伸缩性,为大规模应用提供稳定高效的服务。

目前,资源管理和负载均衡需要关注以下几方面。

(1) 由于系统规模庞大,资源管理需要考虑到多个维度的资源需求和约束,不同的应用场景可能对不同类型的资源有不同的需求。例如,计算密集型应用可能更关注处理器资源,而存储密集型应用可能更关注存储资源。因此,需要设计灵活的资源管理策略,根据不同应用的需求进行动态调整和分配。

(2) 随着系统规模的扩大,负载均衡也变得更加复杂。在分布式环境中,节点之间存在网络延迟和带宽限制,使得实现均衡的负载分配更加具有挑战性。负载均衡算法需要考虑节点之间的通信开销,以及负载均衡决策的实时性和准确性。此外,系统中可能存在动态的负载波动,需要能够快速响应和适应负载变化的负载均衡机制。

通常采取以下策略和技术来实现有效的资源管理和负载均衡。

(1) 性能优化和扩展性设计是关键。通过优化系统的性能瓶颈，减少资源占用和消耗，以及采用可扩展的架构设计，可以提高系统的吞吐量和扩展性，从而更好地满足大规模应用的需求。

(2) 采用并行与分布式计算可以提高系统的并发处理能力。通过将任务分解为多个子任务并行处理，或者将任务分配到多个节点上进行分布式计算，可以充分利用系统的计算资源，并提高整体的处理能力和效率。

(3) 综合考虑系统的可用性和容错性。采用容错机制和冗余设计可以防止单点故障和系统崩溃，确保系统的高可用性。同时，负载均衡策略应该具备容错能力，能够在节点故障或网络异常情况下动态调整负载分配，保证系统的稳定运行。

(4) 监控和自动化管理是必不可少的。通过实时监测系统的资源使用情况、负载状况和性能指标，可以及时发现问题并进行调整。自动化管理工具和算法可以根据监控数据自动调整资源分配和负载均衡策略，减轻人工干预的压力。例如，可以采用自动扩展机制，根据系统的负载情况自动调整节点数量或资源分配，以实现动态的负载均衡。同时，引入智能调度算法和预测模型，可以根据历史数据和趋势预测，提前做出负载均衡的决策，避免资源瓶颈和性能瓶颈的出现。

除了资源管理和负载均衡的技术和策略外，还需要注意安全性和数据一致性。在大规模应用中，安全性是一个重要的关注点，需要采取安全措施保护系统免受潜在的威胁和攻击。数据一致性也是一个挑战，特别是在分布式环境中，需要确保不同节点之间的数据一致性，避免数据冲突和不一致的情况发生。

下面通过示例对资源管理和负载均衡进行详细说明。

(1) 弹性资源调配：在云计算环境中，可以利用弹性资源调配来实现资源管理和负载均衡。例如，使用自动扩展机制，根据系统的负载情况自动添加或删除虚拟机实例。当系统负载增加时，自动扩展可以动态增加虚拟机实例来满足用户请求；当负载下降时，自动缩减可以释放不必要的资源。这样可以实现资源的弹性分配，确保系统具有高可用性和可伸缩性。

(2) 负载均衡算法：在分布式系统中，负载均衡算法被用来平衡系统中不同节点的负载，以确保每个节点都能够充分利用其资源，并且不会过载。常见的负载均衡算法包括轮询、最少连接、加权轮询等。例如，轮询算法将请求依次分发给每个节点，确保每个节点都能够处理一定比例的请求；最少连接算法将请求发送给当前连接数最少的节点，以实现负载均衡。

(3) 数据分片和分布式存储：在大规模应用中，数据通常会分布在多个节点或服务器上。为了实现数据的负载均衡和高可用性，可以采用数据分片和分布式存储技术。数据分片将数据分割成多个片段，每个片段存储在不同的节点上。通过分布式存储系统，可以实现数据的并行读写和故障容忍，提高系统的性能和可靠性。例如，Hadoop 的分布式文件系统将文件分割成多个块，并在集群中的多个节点上进行存储和处理。

(4) 负载监控和自动化管理：为了实现资源管理和负载均衡，需要对系统进行实时监控和管理。监控可以收集系统的性能指标和负载信息，如 CPU 使用率、内存利用率和请求处理时间等。基于这些数据，可以采取自动化管理措施，如动态调整资源分配、迁移虚拟机实例或重新分配任务等。这样可以及时响应系统负载变化，并实现自动化的资源管理和负载均衡。

假设有一个在线购物平台，每天都面临大量的用户请求。为了实现资源管理和负载均衡，可以将上述示例方法进行应用如下。

（1）弹性资源调配：根据用户请求的增减情况，自动调整服务器实例的数量。在用户流量达到高峰时，自动扩展服务器实例来应对增加的请求，保证用户的购物体验。而在流量较低时，自动缩减服务器实例，以节省资源和成本。

（2）负载均衡算法：通过使用负载均衡算法，将用户请求分发到多个服务器上，确保每个服务器的负载相对均衡。例如，使用轮询算法，将每个请求依次分发到不同的服务器，确保每个服务器都承担一定的工作量，避免某个服务器过载。

（3）数据分片和分布式存储：将商品信息和用户数据进行分片，分散存储在多个数据库服务器上。通过分布式存储系统，实现数据的并行读写和故障容忍，提高系统的性能和可靠性。同时，可以根据商品和用户的特征进行数据分片，使相关的数据片段存储在相邻的服务器上，减少数据访问的网络延迟。

（4）负载监控和自动化管理：监控系统的各项指标，如服务器的CPU使用率、内存利用率和网络带宽等。通过实时监测和收集数据，可以了解系统的负载情况和性能状况。基于监控数据，采取自动化管理措施，如动态调整服务器资源、迁移数据分片或重新分配任务，以优化资源利用和请求处理效率。

通过弹性资源调配、负载均衡算法、数据分片和分布式存储及负载监控和自动化管理等策略，可以在大规模应用中实现有效的资源管理和负载均衡。这样可以确保系统具备高可用性、稳定性和可扩展性，为用户提供良好的服务体验，同时提高系统的效率和可靠性。

第7章

指令编程的未来展望

本章将探讨指令编程的未来展望，揭示它在应用程序开发中的前景和潜力。首先，探讨指令编程在应用程序开发中的前景，包括自动化实现和效率提升、可扩展性和适应性及技术创新和用户体验方面的优势。然后，关注技术发展与研究趋势，特别是人工智能和机器学习及自然语言处理和语义理解方面的进展。接着，深入研究指令编程的伦理与社会影响，包括数据隐私与安全及社会影响与公平性方面的问题。最后，探讨指令编程与人机交互的融合，包括自然语言交互界面、可视化编程工具、增强现实和虚拟现实及智能助理和机器学习方面的发展。

7.1 指令编程在应用程序开发中的前景

指令编程在应用程序开发中具有广阔的前景。它能够实现自动化和提高效率，减少烦琐的手动操作，使开发人员能够更快速地完成任务。此外，指令编程还具备良好的可扩展性和适应性，能够灵活应对不断变化的需求和规模增长。指令编程通过指令生成代码、自动化工作流程等方式，使开发过程更高效、灵活，并为技术的发展和用户体验的提升带来新的可能性。指令编程的发展将进一步推动应用程序开发领域的创新和进步。

7.1.1 自动化实现和效率提升

在应用程序开发中，指令编程的前景之一是自动化实现和效率提升。指令编程可以帮助开发人员减少烦琐的编码过程，加快开发速度，并提高代码质量和可维护性。通过使用指令编程技术，开发人员可以将常见的任务和模式抽象为可重复使用的指令，提供高级抽象和领域特定语言，利用自动化工具和框架，从而简化开发过程。这些指令可以包括常用的算法、数据结构操作、界面交互等，使开发人员能够通过简单的指令调用完成复杂的操作。指令编程可以通过提供高级抽象和领域特定语言来提高开发效率。通过使用专门设计的指令集或领域特定语言，开发人员可以更加专注于问题领域的核心逻辑，而无须关注底层的实现细节。这样可以减少开发人员的认知负担，并提高代码的可读性和可维护性。

下面通过示例对指令编程中的自动化实现和效率提升进行详细说明。

(1) 指令编程可以简化常见的编码任务。例如，开发人员经常需要对数据进行排序、过滤、聚合等操作。通过将这些操作抽象为指令，开发人员可以使用简单的函数调用来完成复杂的数据处理任务。

(2) 指令编程可以加快开发速度。开发人员可以利用已经开发好的指令库或框架，以及领域特定语言来快速构建应用程序。例如，Web 开发中的框架(如 Django、Ruby on Rails)提供了许多预定义的指令和代码模板，使开发人员能够迅速构建功能完善的 Web 应用。同样，机器学习领域的深度学习框架(如 TensorFlow、PyTorch)提供了丰富的指令和模型库，使开发人员能够更轻松地构建和训练复杂的神经网络模型。

(3) 指令编程可以提高代码的质量和可维护性。通过使用指令编程的模块化和抽象特性，开发人员可以将复杂的逻辑分解为独立的指令，使代码更加可读、可测试和可重用。例如，一个名为 calculate_average()的指令可以被多个模块或函数调用，用于计算给定数据集的平均值。这种模块化的设计使得代码更易于理解和维护，同时也提供了更好的代码组织和结构。

(4) 指令编程还可以通过自动化工具和框架提供进一步的效率提升。例如，许多集成开发环境提供代码自动补全、重构、调试等功能，可以大大加快开发速度。另外，持续集成和持续交付(CI/CD)工具可以自动化构建、测试和部署过程，使开发人员能够更快速地交付高质量的应用程序。

在开发电子商务网站时，通常会涉及对商品进行价格排序和筛选的功能，利用指令编程中现有的排序和筛选指令可以实现这个功能。例如，可以使用 Python 的 sorted()函数对商品列表按价格进行排序，使用 filter()函数筛选出符合条件的商品。开发人员可以通过简单的函数调用来完成复杂的操作，节省了大量编码的时间和精力。

在开发机器学习模型时，指令编程提供了丰富的库和框架，使开发人员能够更轻松地构建和训练复杂的模型。例如，使用深度学习框架 TensorFlow，开发人员可以通过简单的指令来定义神经网络的结构和层级关系，指定损失函数和优化器，并进行模型的训练和评估。这种高级的指令编程方式使开发人员能够专注于模型的设计和调优，而无须关注底层的数学和算法细节。

指令编程的自动化实现和效率提升在应用程序开发中具有重要作用。它简化了编码任务，加快了开发速度，提高了代码质量和可维护性。通过使用现有的指令库和框架，开发人员可以更轻松地构建复杂的功能和模型。此外，自动化工具和框架进一步提供了开发过程中的效率和便利。因此，指令编程在应用程序开发中具有广泛的应用前景，并为开发人员提供了强大的工具和方法来实现高效的编码和开发流程。

7.1.2 可扩展性和适应性

在应用程序开发中，可扩展性和适应性是关键的考虑因素。指令编程可以通过一系列的策略和技术来帮助应用程序适应不断变化的需求和规模增长。

对于指令编程中的可扩展性和适应性，需要考虑以下几个关键方面。

(1) 模块化设计是实现可扩展性的重要手段。通过将应用程序拆分为独立的模块，每个模块负责特定的功能，可以实现高内聚和低耦合性。这样的设计允许在需要添加新功能或进行修改时，只需要关注特定的模块，而无须改动整个应用程序。例如，假设正在开发一个电子商务平台，其中的模块包括用户管理、产品目录、购物车和订单处理等。当需要添加新的支付网关时，只需要修改订单处理模块，而无须影响其他模块的代码。这种模块化设计提供了更大的灵活性和可扩展性，简化了开发和维护过程。

(2) 可配置性在实现应用程序的适应性方面起着重要作用。通过使用配置文件、参数或其他机制，应用程序的行为和功能可以在运行时进行调整和自定义，而无须对源代码进行修改。这使得应用程序能够适应不同的环境和需求。例如，在一个电子商务平台中，可以通过配置文件来设置商品的展示方式、优惠策略和配送选项等。这样，可以根据市场需求和用户反馈进行灵活的调整，而无须重新编译或修改源代码。

(3) 除了模块化设计和可配置性外，还有其他策略可以提高应用程序的可扩展性和适应性。引入插件机制可以允许第三方开发者为应用程序开发额外的功能模块。这样，应用程序的功能可以通过插件的方式进行扩展，而无须修改核心代码。例如，一个内容管理系统可以允许开发者开发和集成不同类型的插件，如社交媒体分享、SEO 优化或数据分析插件等。这样的插件机制使得应用程序的功能可以根据用户的需求进行定制，提供更大的灵活性和适应性。

指令编程通过模块化设计、可配置性和插件机制等策略实现应用程序的可扩展性和适应性。这些策略提供了灵活性和定制性，使应用程序能够在不断变化的环境中适应需求的变化。通过模块化的设计和可配置的选项，开发者可以有效地扩展应用程序，添加新的功能和适应不同的需求。

7.1.3 技术创新和用户体验

指令编程在应用程序开发中不仅可以提供功能性的解决方案，还可以推动技术创新并提供更智能、个性化的用户体验。通过指令编程的技术和方法，开发人员可以利用自然语言或特定语法编写指令，从而实现更高级、更智能的功能。

常见的技术创新如下。

(1) 通过指令生成代码。开发人员可以使用指令来描述所需的功能和业务逻辑，然后利用指令编程框架将其转换为相应的代码。这种方式可以大大加速开发过程，减少手动编码的工作量，并提高代码的可重用性。例如，一个指令可以描述在用户注册时发送验证电子邮件的过程，开发人员只需要编写这个指令，指令编程框架会自动生成相应的代码来处理验证邮件的发送和验证逻辑。

(2) 通过指令编程实现自动化工作流程。在许多应用程序中，存在一系列需要按特定顺序执行的任务或操作。通过使用指令编程，开发人员可以将这些任务和操作描述为一系列指令，并定义它们之间的依赖关系。系统可以根据指令的定义自动执行这些任务，并确保它们按照正确的顺序和条件执行。这种自动化工作流程可以提高效率、降低错误，并提供一致的用户体验。

除了提供智能和自动化的功能外，指令编程还可以实现个性化的用户体验。通过允许用户编写自定义指令或通过配置文件进行个性化设置，应用程序可以根据用户的需求和喜好进行定制。例如，一个电子商务应用可以允许用户编写个性化的推荐指令，以获取与他们的兴趣和偏好相关的产品推荐。这种个性化的用户体验可以提高用户参与度和满意度，从而增强用户的忠诚度和品牌认知。

指令编程的创新和用户体验不仅体现在功能和交互层面，还可以通过改进系统性能和响应能力来提供更好的用户体验。例如，通过并行计算和分布式系统的技术，可以实现更快的数据处理和响应时间，从而提高应用程序的性能。指令编程还可以利用机器学习和人工智能的技术，实现智能推荐、语义理解和情感分析等功能，进一步提升用户体验。

下面通过示例对技术创新和用户体验进行详细说明。

(1) 智能助手：通过指令编程，开发人员可以实现智能助手应用，如语音助手或聊天机器人。这些助手可以理解用户的指令，并提供相应的服务和建议。例如，用户可以通过语音指令告诉智能助手预订机票或订购外卖，助手会自动解析指令并执行相应的操作。

(2) 自动化工作流程：指令编程可以用于设计和实现自动化工作流程，从而简化复杂的任务和流程。例如，在企业管理系统中，可以使用指令编程定义工作流程，如请假申请、报销审批等。用户只需按照指定的指令填写相关信息，系统将自动处理后续的流程步骤。

(3) 智能推荐系统：指令编程可以应用于个性化推荐系统，提供用户感兴趣的产品、内容或服务。通过分析用户的指令和行为，系统可以理解用户的偏好，并根据其个性化需求生成相应的推荐结果。例如，在电子商务平台上，用户可以通过指令描述其购物偏好和需求，系统会根据指令生成个性化的商品推荐。

(4) 情感分析和情绪识别：指令编程可以用于开发情感分析和情绪识别应用，从文本、语音或图像等数据中提取情感信息。通过指令编程，可以定义情感分析的指令集，让系统能够理解和解释用户表达的情感，并做出相应的响应。例如，在社交媒体应用中，用户可以通过指令表达自己的情感状态，系统可以根据指令回应或提供适当的支持。

通过这些具体的应用示例，可以看到指令编程在技术创新和用户体验方面的潜力。它不仅提供了更智能、个性化的功能，还改善了应用程序的性能和响应能力。随着指令编程技术的不断发展和创新，可以期待更多创新性的应用和更加出色的用户体验。

7.2 技术发展与研究趋势

在指令编程领域，技术的发展与研究趋势持续推动着创新和进步。首先，人工智能和机器学习技术在指令编程中发挥着重要作用。通过基于大数据的指令生成模型和自动化编码规范等方法，人工智能和机器学习为指令编程带来了更高的智能化和自动化水平，并在不断研究和探索中迎来了更广阔的发展前景。其次，自然语言处理和语义理解技术在指令编程中具有重要意义。通过指令解析、语义分析和上下文理解等技术，系统能够更准确地理解用户的指令，提高指令的解释和执行的智能性。最后，分布式计算和并行计算在大规模指令编程中发挥着关键作用。利用分布式环境，可以提高指令的执行效率、实现负载均衡，并支持大规模应用的可扩展性和高性能。随着技术的不断进步和研究的深入，可以期待指令编程领域的创新和应用领域的拓展。

7.2.1 人工智能和机器学习

人工智能和机器学习在指令编程领域的应用是一个充满活力和前景广阔的研究领域。通过利用大数据和智能算法，可以期待在指令生成、编码规范和代码优化等方面取得更多的突破，推动指令编程领域的发展和创新。

基于大数据的指令生成模型是一个重要的研究方向。通过训练模型使用大量的指令和编程语言数据，可以使模型学习到编程的语法、规范和模式，从而能够自动生成符合要求的代码。例如，有些研究团队已经开发出基于机器学习的代码自动补全工具，通过分析用户输入的指令上下文，智能地推测可能的代码片段，并提供给用户选择和使用。

另一个重要应用是自动化编码规范。编码规范是一组规则和标准，用于定义代码的结构、命名约定和风格。通过机器学习算法，可以将编码规范进行建模，并自动分析代码的质量，如可读性、一致性和性能。例如，一些开发环境和代码编辑器已经集成了静态代码分析工具，利用机器学习算法来检测代码中的潜在问题和违反规范的地方，并向开发人员提供相应的建议和改进措施。

人工智能和机器学习在指令编程领域的应用还有许多发展趋势。一方面，随着深度学习技术的不断进步，可以期待更强大和智能的指令生成模型。这些模型将能够理解更复杂的语义和上下文，并生成更准确、高质量的代码。另一方面，机器学习算法的改进将使得指令编程更加智能化，如自动推断变量类型、自动选择合适的算法和数据结构等。这些进展将极大地提高编程的效率和准确性。

下面通过示例对人工智能和机器学习进行详细说明。

(1) GitHub Copilot 是一个基于机器学习的编码助手，可以根据用户的指令和上下文自动生成代码片段。它使用了大量的开源代码和训练数据，通过深度学习模型来预测用户的意图并生成相应的代码。例如，当用户输入一个函数调用的名称时，Copilot 可以根据上下文推断所需的参数和返回值，并自动生成相应的函数调用代码。这种智能化的编码助手大大提高了开发人员的生产效率，减少了重复劳动，并帮助他们更快地实现想法和解决问题。

(2) 人工智能和机器学习在指令编程中的应用不仅带来了指令生成的自动化，还有助于提高代码质量和开发效率。通过训练模型识别编程模式和最佳实践，可以自动检测潜在的代码问题，并给出改进建议。例如，静态代码分析工具可以利用机器学习算法来识别代码中的常见错误、性能瓶颈和安全漏洞，并向开发人员提供修复建议。

(3) 人工智能和机器学习的发展也推动了指令编程领域的自动化测试和调试。通过训练模型来理解程序的预期行为，可以自动生成测试用例并自动化执行测试，从而减少人工测试的工作量和提高测试覆盖率。同时，利用机器学习算法分析程序的运行日志和错误信息，可以帮助开发人员快速定位和解决问题，提高调试效率。

人工智能和机器学习在指令编程中的应用不断推动着开发方式和开发工具的革新。它们为开发人员提供了更高效、智能和个性化的编程体验，同时也促进了软件开发的质量和可维护性的提升。随着技术的不断进步，有理由相信指令编程将成为未来应用开发的重要范式之一，并在推动软件创新和发展方面发挥重要作用。

7.2.2 自然语言处理和语义理解

自然语言处理和语义理解技术在指令编程中发挥着重要作用，可以提高指令的准确性和智能化程度。这些技术涉及对自然语言指令的解析、语义分析和上下文理解，使计算机能够理解人类语言并执行相应的操作。

在指令解析方面，NLP 技术可以帮助将自然语言指令转化为可执行的计算机指令。通过识别关键词、语法分析和句法解析等技术，可以提取指令中的重要信息，并将其映射到相应的程序功能或操作。例如，一个指令可能包含用户的意图、目标对象和操作，通过 NLP 技术可以将这些信息提取出来并转化为对应的程序代码或命令。

语义分析是指令编程中的关键方面，它涉及对指令的语义进行理解和解释。通过使用语义角色标注、词义消歧和实体识别等技术，可以识别指令中的关键词义和语义关系，从而更好地理解指令的含义和目的。例如，对于一个涉及条件判断的指令，语义分析可以帮助确定条件表达式的逻辑关系，并生成相应的条件判断语句。

上下文理解是指令编程中的另一个关键方面，它涉及将指令与上下文信息进行关联和理解。上下文可以包括先前的指令、用户的环境和操作上下文等。通过利用上下文信息，可以更好地理解指令的意图和要求，并生成相应的响应或操作。例如，一个指令可能需要获取用户的位置信息，通过上下文理解，可以识别出该指令需要调用位置服务 API 来获取位置数据。

随着自然语言处理和语义理解技术的进一步发展，可以预见在指令编程领域将会出现更多创新的应用。例如，通过结合语义搜索和自动补全技术，指令编程工具可以提供实时的语义建议和纠正，帮助用户更准确地表达指令。又如，基于深度学习的神经网络模型可以用于指令分类、意图识别和实体识别等任务，从而实现更高级的指令解析和语义理解。

此外，随着语义技术的不断发展，指令编程也可以更加智能化和个性化。通过将个性化推荐算法应用于指令编程，可以根据用户的喜好和习惯生成定制化的指令建议。例如，针对不同的应用场景和用户需求，系统可以提供特定领域的指令模板和代码片段，以加快开发过程并提高效率。

在实际应用中，自然语言处理和语义理解技术已经在各个领域展现出巨大的潜力。例如，智能助理、智能家居、智能汽车等领域都可以受益于指令编程的智能化。通过使用自然语言指令来控制设备和系统，用户可以更方便地操作和管理各种智能化产品。

自然语言处理和语义理解技术为指令编程提供了强大的工具和方法，可以实现更智能、灵活和个性化的应用程序开发。随着这些技术的不断发展和创新，可以预见指令编程将成为一种更加普遍和直观的开发方式，为用户提供更好的编程体验和应用效果。

7.3 指令编程的伦理与社会影响

指令编程的伦理与社会影响是一个重要的议题。本节将探讨指令编程中涉及的数据隐私和安全问题，以及如何保护用户数据并遵守相关法律法规和伦理准则。数据隐私和安全是指令编程中必须认真考虑的关键问题，将讨论如何避免用户数据的滥用和泄露，确保用户的隐私得到充分保护。此外，本节还将讨论指令编程对社会的影响，特别是在就业市场和社会公平性方面的考虑。通过充分考虑指令编程的伦理和社会影响，可以建立一个可持续发展和公正的指令编程生态系统。

7.3.1 数据隐私与安全

通过对数据隐私和安全的充分关注和保护，指令编程可以在用户信任和可持续发展方面取得成功。保护用户数据并遵守法律法规和伦理准则是指令编程的核心原则，也是构建安全、可靠和受欢迎的指令编程应用的基础。

在指令编程中,数据隐私和安全的保护是一项复杂而重要的任务。下面通过示例对数据隐私与安全进行详细说明。

(1) 确保用户数据的机密性和完整性。指令编程需要采取适当的加密技术,以防止未经授权的访问和数据泄露。例如,当用户通过虚拟客服与智能问答系统进行交互时,他们的个人信息和敏感数据可能会被收集和存储。在这种情况下,指令编程可以使用先进的加密算法,对数据进行加密,确保数据在存储和传输过程中始终是加密的状态。

(2) 确保数据的合法和授权使用,避免滥用和泄露。这需要建立透明的数据使用和共享机制,以保护用户的隐私权和个人信息。例如,一个社交媒体应用程序使用指令编程来为用户提供个性化的内容推荐。在这种情况下,指令编程需要确保仅在用户明确同意的情况下使用其个人数据,并根据用户的偏好和行为生成推荐内容。此外,指令编程可以采用数据匿名化和脱敏处理技术,以避免将用户数据与其真实身份关联起来,从而保护用户的隐私。

(3) 遵守伦理准则,确保对用户数据的使用是合法、合理且透明。例如,当开发人员使用指令编程来设计智能教育应用程序时,他们需要确保学生的个人数据仅用于教育目的,并符合教育领域的伦理和法律规定。这意味着指令编程需要确保对学生数据的处理和分析是基于教育研究的合法目的,并且符合数据保护和隐私权的要求。

(4) 遵守相关的法律法规,如欧洲的 GDPR 和其他隐私保护法规。这些法规规定了个人数据的处理和保护要求,以确保用户的隐私权得到充分的保护。指令编程应遵循最佳实践,确保符合合规性要求,并采取适当的安全措施。

例如,指令编程可以采用数据最小化原则,仅收集和使用必要的用户数据,并在不再需要时进行删除。它还可以实施访问控制机制,限制对用户数据的访问权限,并记录和监控数据的使用情况,以便及时发现和应对潜在的安全问题。

又如,指令编程可以建立透明的隐私政策和用户协议,向用户说明数据的收集和使用方式。指令编程可以通过向用户提供清晰的信息,并获得其明确的同意来确保合规性和合法性。这样,用户将有权了解数据如何被使用,可以自主决定是否与指令编程系统进行交互。

(5) 采用安全审计和风险评估的方法,定期评估系统的安全性和隐私保护水平,并进行必要的改进。这包括安全漏洞的修复、数据备份和灾难恢复计划的制定等。通过这些措施,指令编程可以提供一种安全可靠的环境,保护用户的数据和隐私。

指令编程中的数据隐私和安全问题需要综合考虑技术、伦理和法律等方面的因素。只有在建立合适的保护机制、遵守伦理准则和法规要求的前提下,指令编程才能够确保用户数据的隐私和安全,并赢得用户的信任。这将为指令编程的发展提供良好的基础,并推动其在各个应用领域的广泛应用。

7.3.2 社会影响与公平性

指令编程对社会的影响十分广泛,涉及就业市场、社会公平性和经济发展等方面。本节将探讨指令编程在这些领域的影响,并提出确保指令编程的发展对整个社会和经济有积极影响的考虑因素。

指令编程对社会的影响有以下几方面。

(1) 指令编程在就业市场方面带来了新的机遇和挑战。随着指令编程的广泛应用,对具备指令编程技能的人才需求也不断增加。这为程序员、数据分析师和人工智能专家等相关从业人员提供了更多就业机会。同时,指令编程的发展也推动了新的职业领域的出现,如虚拟客服开发人员、智能系统设计师等。然而,这也需要教育和培训机构及时提供相关的技能培训,以满足人才需求,并确保就业市场的公平性和竞争力。

(2) 指令编程对社会公平性的影响也值得关注。在指令编程应用的过程中,需要确保系统设计和算法的公正性,避免因数据偏见、歧视性算法或个人偏好而导致的不公平情况。例如,在个性化推荐系统中,应该平衡推荐的多样性和个人化需求之间的关系,避免信息过滤的偏见。同时,还需要制定相关政策和法规,保护用户权益,防止滥用用户数据和不当的算法使用。

(3) 指令编程的发展对经济产生积极影响。通过提高工作效率、优化资源利用和推动创新,指令编程有助于提升企业和组织的竞争力。例如,智能编程助手可以加速软件开发过程,减少编码错误和重复工作,提高开发效率。个性化推荐系统可以提供精准的产品推荐,提升用户购物体验和销售额。这些应用促进了企业的增长和发展,对整个经济体系产生了积极影响。

在指令编程对社会的影响中,需要关注以下几方面。

(1) 建立监管和法律框架,以保护用户权益和数据隐私。相关法规应该明确规定数据的收集、使用和共享规则,并对违规行为进行处罚。

(2) 加强对指令编程技术的研究和监测,以及对其潜在影响的评估和监控。这有助于及早发现潜在的风险和问题,并采取相应的措施进行调整和改进。

(3) 鼓励行业内外的合作与沟通,促进指令编程技术的良性发展。相关行业协会、研究机构和政府部门可以联合起来制定指导性原则和最佳实践,共同推动指令编程的可持续发展。

下面通过示例对社会影响与公平性进行详细说明。

(1) 当涉及指令编程中的数据隐私与安全问题时,一家虚拟客服系统的开发公司应该采取措施来确保用户数据的保护。他们可以使用加密技术来保护数据的机密性,并采取访问控制措施以限制对敏感数据的访问。另外,他们应该建立明确的数据处理政策,并确保其符合相关的法律和法规。此外,公司还可以通过进行安全性审计和定期更新安全措施来保持数据安全性。

(2) 在社会公平性方面,一个个性化推荐系统的开发团队可以采取措施来确保系统的公正性。他们可以进行数据分析,确保推荐算法不受到个人偏好或歧视的影响。同时,他们可以采用多样化的数据源,以避免信息过滤的偏见。此外,监管机构和相关利益相关者可以与企业合作,制定准则和指导方针,以确保系统的公正性,并对违反公平原则的行为进行监督和处罚。

指令编程对社会和经济产生了广泛的影响。在推动指令编程的发展过程中,必须重视数据隐私与安全、社会公平性和经济影响等问题。通过制定相关法规和政策、加强监测和评估、促进行业合作等手段,可以确保指令编程的发展对整个社会和经济具有积极的影响,并最大限度地实现其潜在的益处。

7.4 指令编程与人机交互的融合

指令编程与人机交互的融合是一个引人注目的领域，其中包括自然语言交互界面、可视化编程工具、增强现实与虚拟现实以及智能助理与机器学习等方面的创新。首先，通过自然语言处理和语音识别技术，将指令编程与人机交互相结合，实现通过语音或自然语言与计算机进行指令交互的界面。这种融合使得非专业人员也能轻松使用指令编程，并提供更直观、友好的用户体验。其次，可视化编程工具在指令编程中的应用也日益重要，通过图形化界面和拖拽式操作，可以让用户以更直观的方式创建和管理指令，从而降低编程门槛、提高开发效率。另外，利用增强现实和虚拟现实技术，将指令编程与虚拟环境结合，创造更具沉浸感和交互性的编程体验。用户可以通过手势、头部追踪等方式与虚拟环境进行交互，以编写和执行指令。最后，借助智能助理和机器学习技术，指令编程系统能够学习用户的习惯和偏好，提供个性化的建议和推荐，从而提高用户的工作效率和开发体验，并减少错误和烦琐的编码工作。这些创新的融合为指令编程带来了新的可能性，推动了人机交互领域的发展。

7.4.1 自然语言交互界面

自然语言交互界面是指将自然语言处理和语音识别技术应用于指令编程，实现通过语音或自然语言与计算机进行指令交互的界面。这种融合在指令编程中具有重要意义，它可以为用户提供更直观、友好的用户体验，并降低非专业人员使用指令编程的门槛。

通过自然语言处理技术，计算机可以理解和解析用户输入的自然语言指令。这涉及词法分析、句法分析、语义理解等技术，使得计算机能够从用户的语言中提取出具体的指令和操作要求。语音识别技术则可以将用户的口头指令转化为文本，为后续的自然语言处理提供输入。

利用自然语言交互界面，非专业人员可以通过口头指令或书面指令与计算机进行交互，而无须学习烦琐的编程语法和规则。他们可以简单地描述自己的需求或任务，并期望计算机根据其指令生成相应的代码或执行相应的操作。这种界面的直观性和友好性使得更多人能够参与到指令编程中，推动了编程的普及化。

举例说明，一个普通用户可能需要编写一个程序来处理一批图片文件，他可以使用自然语言交互界面向计算机描述任务，所用指令可以是“将这个文件夹下的所有图片文件转换为黑白并保存到另一个文件夹中”。计算机通过自然语言处理技术分析用户的指令，识别出关键词和操作要求，然后生成相应的指令代码或执行相应的操作。用户无须了解具体的编程语言和细节，只需要用自然语言表达自己的需求。

下面通过示例对自然语言交互界面进行详细说明。

(1) 智能家居系统的控制。通过自然语言交互界面，用户可以用简单的语言描述自己的需求，所用指令可以是“打开客厅的灯”或“将温度调整为 25 度”。系统会通过语音识别技术将用户的指令转化为文本，并利用自然语言处理技术理解用户的意图。然后，系统根据用户的指令生成相应的指令代码，以控制灯光或调节温度。这种方式让用户能够轻松地与智能家居系统交互，不需要记住复杂的命令和语法，提高了用户体验和可用性。

(2) 在软件开发领域的应用。假设一个开发团队正在开发一个网站，项目经理需要指定开发人员完成一系列任务。通过自然语言交互界面，项目经理可以通过语音或书面指令告诉计算机需要完成的任务，所用指令可以是“创建一个用户登录界面，包括用户名和密码输入框以及登录按钮”。计算机将通过自然语言处理技术提取出关键信息，理解项目经理的需求，并生成相应的指令代码。这样，项目经理无须具备编程技能，也能与开发团队进行高效的沟通和任务分配，提高了开发效率和团队协作。

（3）在智能助理领域的应用。智能助理（如 Siri、Alexa 和 Google 助手）已经成为日常生活中的重要伴侣。通过语音指令，可以与智能助理交流并请求它们执行各种任务，如发送短信、播放音乐、提醒日程等。这些智能助理利用自然语言处理和语音识别技术，将用户的指令转化为可执行的操作，并提供相应的反馈。这种自然语言交互界面使得与智能助理的互动更加自然和直观，为用户提供了便利和智能化的体验。

自然语言交互界面将指令编程与人机交互相结合，通过自然语言处理和语音识别技术实现了更直观、友好的用户体验。无论是智能家居系统的控制、软件开发的指令传达还是智能助理的应用，这种融合都为用户提供了更高效、便捷的编程体验。

7.4.2 可视化编程工具

可视化编程工具在指令编程中发挥着重要的作用，它通过图形化界面和拖拽式操作，使用户能够以更直观的方式创建、编辑和管理指令，从而降低了编程的门槛，提高了开发效率。

这些可视化编程工具通常提供了一系列可用的指令模块或组件，用户可以通过拖拽这些模块，并将它们进行连接以构建程序逻辑。每个模块代表一个特定的功能或操作，如数据处理、条件判断、循环等，用户可以根据需要自由组合这些模块以完成任务。通过这种方式，用户无须深入了解编程语言的语法和细节，而是以直观的方式进行编程。

可视化编程工具的优势在于它们将复杂的编程概念和逻辑转化为可视化的图形元素，使用户能够更好地理解程序的结构和流程。这种直观的表示形式有助于用户更好地设计和组织指令，减少了错误和逻辑混乱的可能性。同时，可视化编程工具还提供了实时反馈和调试功能，用户可以立即看到程序的运行结果，进一步加快了开发的迭代过程。

可视化编程工具还具有可扩展性和灵活性的特点。它们通常提供了丰富的扩展库和插件，用户可以根据自己的需求扩展和定制功能。这样，用户可以根据不同的应用场景和要求，灵活地使用指令编程工具进行开发，从而满足各种不同的需求。

下面通过示例对可视化编程工具进行详细说明。

（1）可视化编程工具可以提供图形化的界面，用户可以通过拖拽和连接不同的组件来创建一个数据分析和可视化的应用程序。用户可以选择一个数据输入模块（如从数据库或文件中读取数据），然后通过拖拽选择适当的数据处理模块（如过滤、排序或计算），再连接到一个图表展示模块，以生成可视化的数据图表。通过这种方式，非专业的数据分析人员也能够通过简单的操作创建出功能强大的数据分析应用，而无须编写复杂的代码和处理细节。

（2）在物联网领域中，用户可以使用可视化界面创建物联网设备之间的指令交互逻辑。用户可以选择不同类型的传感器、执行器和通信模块，并通过拖拽和连接这些组件来定义设备之间的交互规则。例如，用户可以创建一个规则，当温度传感器检测到温度超过某个阈值时，触发执行器进行降温操作，并发送通知给用户。通过可视化编程工具，非技术背景的用户也能够快速构建物联网系统，并实现复杂的设备之间的交互逻辑。

这些示例说明了可视化编程工具如何在指令编程中发挥作用，使非专业人员也能够轻松创建复杂的指令逻辑。这种图形化界面和拖拽式操作的方式使得编程变得更加可视化、直观和易于理解，让更多的人能够参与到应用程序的开发中。可视化编程工具的应用不仅提高了开发效率，还推动了创新，为用户提供了更智能、个性化的体验，将指令编程与人机交互融合得更加紧密。

7.4.3 增强现实和虚拟现实

增强现实（AR）和虚拟现实（VR）技术的发展为指令编程带来了新的可能性，通过将指令编程与虚拟环境结合，可以创造更具沉浸感和交互性的编程体验。在这种融合中，用户可以通过身体动作、手势、头部追踪等方式与虚拟环境进行交互，以编写和执行指令。

增强现实和虚拟现实的常见应用如下。

(1) 通过使用头戴式显示设备（如 AR 眼镜或 VR 头盔）来创建虚拟编程环境：用户可以看到虚拟编程界面和编辑器，通过手势或控制器来操作和编写指令。例如，用户可以通过手势在虚拟空间中选择和拖拽不同的指令块，将它们连接在一起，形成指令的流程。用户可以通过触摸、捏取或拖拽虚拟对象来修改指令的参数和属性。通过增强现实技术，用户可以将虚拟编程环境与现实世界进行融合，将指令块放置在真实的物理表面上，以创建更直观的编程体验。

(2) 编程教育：通过创建具有虚拟场景和角色的编程学习环境，学生可以通过与虚拟角色进行互动来学习指令编程。例如，在一个虚拟城市的环境中，学生可以编写指令来指导虚拟角色完成特定任务，如导航、交互和探索。通过增强现实和虚拟现实技术，学生可以身临其境地体验编程的乐趣，并通过与虚拟环境的交互来加深对指令编程概念和原理的理解。

这种增强现实和虚拟现实与指令编程的融合不仅提供了更具沉浸感和交互性的编程体验，还可以激发创造力和想象力，使用户能够以更直观的方式理解和应用指令编程的概念。它为用户提供了一种全新的编程学习和开发方式，尤其适用于那些更倾向于以身体动作和空间感知为基础进行学习和创作的人。通过将增强现实和虚拟现实技术与指令编程相结合，可以推动编程教育的创新，为用户带来更多的编程机会和体验。这种融合还可以激发创造力和团队合作，通过在虚拟环境中共享和协作编程项目，使开发者能够共同构建复杂的应用程序。

下面通过示例对增强现实与虚拟现实进行详细说明。

(1) 虚拟编程工作室：在这个环境中，开发者可以利用增强现实技术将编程工具和编辑器投射到真实的工作空间中。他们可以使用手势和语音指令来创建、修改和测试代码。开发者可以通过在虚拟环境中拖拽和连接代码模块，快速构建应用程序的流程和逻辑。通过与虚拟环境中的对象和场景进行交互，开发者可以更直观地调试和优化代码。这种虚拟编程工作室的设计使得编程过程更加直观和有趣，降低了学习和使用指令编程的门槛。

(2) 编程游戏。在这种游戏中，玩家可以进入一个虚拟世界，扮演一个编程任务的主角。玩家需要通过编写指令来解决谜题、完成任务和探索游戏世界。通过与虚拟环境中的角色和对象进行互动，玩家可以实时看到指令的执行结果，并根据反馈进行调整和优化。这种虚拟现实游戏结合了娱乐性和学习性，使玩家在游玩的同时学习和掌握指令编程的技能。

将增强现实和虚拟现实技术与指令编程相结合，可以创造更具沉浸感和交互性的编程体验。这种融合不仅可以降低编程的门槛，使非专业人员也能轻松使用指令编程，而且可以激发创造力、提高学习效果，并推动编程教育和应用开发的创新。随着技术的进一步发展和应用的普及，可以期待更多精彩的增强现实和虚拟现实与指令编程的融合应用出现。

7.4.4 智能助理和机器学习

智能助理和机器学习技术的结合为指令编程带来了更智能化和个性化的体验。通过分析用户的习惯和偏好，指令编程系统可以学习并理解用户的编程风格、常用函数、代码结构等，从而为用户提供个性化的建议和推荐。

智能助理和机器学习的常见应用如下。

(1) 基于代码分析的自动补全。指令编程系统可以通过机器学习算法分析用户的编码习惯和代码上下文，提供智能的代码补全建议。当用户开始输入指令时，系统可以根据用户的输入自动补全代码片段，减少编码的工作量和时间。例如，系统可以根据用户输入的前几个字母或关键词，推测用户可能想要使用的函数或方法，并展示相应的代码补全选项。这种智能补全功能可以大大提高编码的效率，减少语法错误和拼写错误。

(2) 基于机器学习的错误检测和纠正。指令编程系统可以通过训练机器学习模型来识别常见的编程错误模式，并提供纠正建议。例如，系统可以检测到用户可能存在的逻辑错误、变量命名问题或语法错误，并给出相应的提示和建议。通过这种智能的错误检测和纠正功能，用户可以快速发现和修复代码中的问题，提高代码质量和可靠性。

优化和自动化编程任务。例如，系统可以学习用户的编码习惯和常用操作，为用户提供自动化的代码生成功能。用户只需要提供简单的指令或问题描述，系统就能生成相应的代码片段或解决方案。这种智能化的代码生成功能可以极大地简化编程过程，特别是对于一些常见的编程任务和模式，用户可以通过与智能助理的交互来快速生成代码，从而节省时间和精力。

随着机器学习和自然语言处理技术的进一步发展，智能助理可以实现更自然和交互性更强的人机对话。用户可以通过自然语言进行指令交互，而系统可以准确理解用户的意图并做出相应的响应和执行。这种自然语言交互界面将极大地简化编程的过程，使非专业人员也能够轻松使用指令编程进行应用程序开发。

另外，随着虚拟现实和增强现实技术的不断发展，指令编程也可以在更沉浸和交互性更强的环境中进行。通过增强现实和虚拟现实技术，用户可以进入虚拟编程环境，并通过手势、眼神或身体动作与计算机进行交互。这种沉浸式的编程体验可以大大提升创造力和生产力，使编程过程更加直观、灵活和有趣。

智能助理和机器学习技术的融合为指令编程带来了巨大的潜力和机遇。通过借助智能助理的个性化建议、自然语言交互界面、可视化编程工具、增强现实与虚拟现实技术等，指令编程将变得更加智能化、直观化和创新化。这将极大地促进应用程序开发的发展，使更多的人能够参与到编程领域，并加速创新和技术进步的步伐。

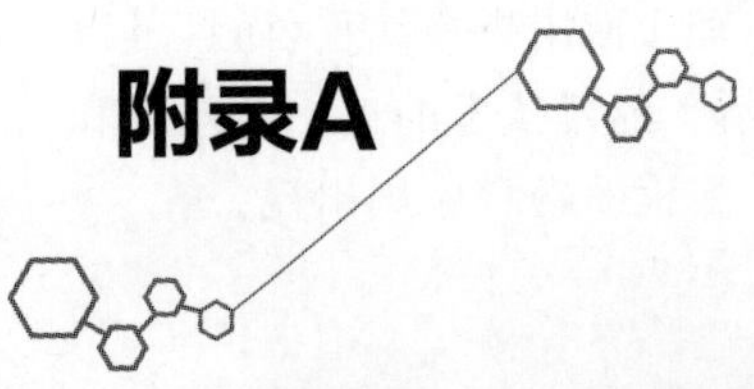

附录A ChatGPT的基本原理与背景知识

ChatGPT 是一种基于深度学习的自然语言处理模型，它基于 GPT-3.5 架构。GPT 是"生成对抗网络（Generative Pre-trained Transformer）"的缩写，它利用了深度神经网络和自注意力机制来处理自然语言文本。ChatGPT 模型的目标是能够理解人类语言输入并生成准确、有逻辑性的响应。

ChatGPT 的原理实现分为预训练和微调两个阶段。

（1）在预训练阶段，模型利用大量的文本数据进行自监督学习，学习了语言的统计规律、句法结构和语义表示，从而形成了对语言的深层理解。该阶段使用了大规模的语料库，如互联网上的文本数据，使得模型具备了广泛的语言知识。

（2）在微调阶段，ChatGPT 使用特定的任务和数据集对预训练的模型进行细化调整，以适应特定的应用场景。微调的过程通常包括使用带标签的数据进行有监督学习，或者通过强化学习来优化模型的生成能力。微调的目的是使 ChatGPT 能够更好地满足特定任务的需求，并生成更准确、有用的回答。

ChatGPT 的运行依赖于 Transformer 架构，它是一种基于自注意力机制的神经网络模型。自注意力机制使得模型能够在处理输入序列时关注不同位置的相关信息，而无须依赖于固定的滑动窗口或卷积操作。这使得 ChatGPT 能够更好地捕捉长距离依赖关系和上下文信息，提高对复杂语言任务的处理能力。

ChatGPT 的应用非常广泛，包括虚拟客服与智能问答系统、个性化推荐与电子商务、智能编程助手与代码生成、智能教育应用程序等。它在这些领域可以实现自动化的对话处理、个性化的推荐、代码的生成和优化，以及智能化的教育辅助等功能。

（1）在虚拟客服与智能问答系统中，ChatGPT 可以作为一个虚拟助手，与用户进行对话并提供相关信息和解决方案。它能够理解用户的问题并生成准确的回答，从而提供高质量的客户服务。

（2）在个性化推荐和电子商务领域，ChatGPT 可以根据用户的偏好和历史行为，推荐符合其兴趣的产品、服务或内容，提升用户体验和购买意愿。

（3）在智能编程助手和代码生成方面，ChatGPT 可以帮助开发人员快速生成代码片段、自动化工作流程或提供代码优化建议。通过与开发者的交互，它可以理解开发需求，并生成符合语法规范和功能要求的代码，减少编码工作量并提高开发效率。

（4）在智能教育应用程序中，ChatGPT 可以为学生提供个性化的教育辅导和解答问题的功能，使学习过程更加互动和有效。

ChatGPT 的发展和应用前景所面临的问题如下。

（1）模型生成不当内容的问题，如生成虚假信息、冒犯性言论或歧视性内容。为了解决这个问题，需要采取合适的技术和策略，如对模型进行过滤、风险评估和审查机制等，确保生成的内容符合道德和法律要求。

（2）在大规模应用中实现指令编程的效率和扩展性。这涉及资源管理、负载均衡、性能优化和分布式计算等方面的问题，需要综合考虑系统架构、算法设计和技术实现等因素。

ChatGPT 作为一种基于深度学习的自然语言处理模型，具有广泛的应用前景。通过结合预训练和微调的方式，利用 Transformer 架构和自注意力机制，它能够实现对人类语言的理解和生成。ChatGPT 可以实现智能对话、个性化推荐、代码生成和优化等功能，为用户提供更智能、个性化的体验，在多领域中发挥作用。然而，目前还需要解决模型生成不当内容的问题及在大规模应用中的效率和扩展性问题，以进一步发展和推广 ChatGPT 的应用。

附录B

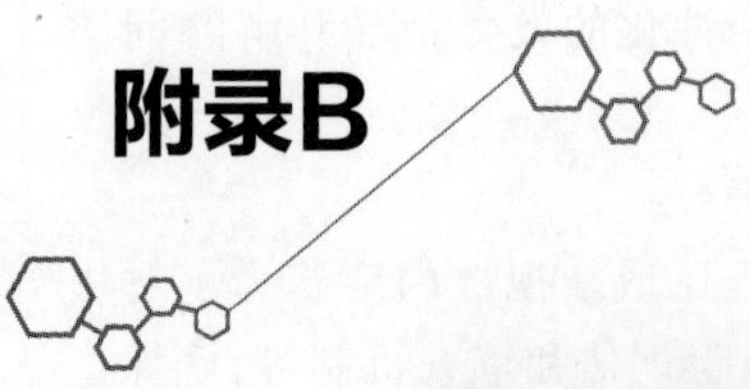

指令编程的工具与资源推荐

指令编程是一种强大的编程范式，为开发人员提供了高效、灵活的方式，以此实现复杂的任务和应用程序。在指令编程中，选择适当的工具和资源对于提高开发效率和质量至关重要。本节将介绍一些常用的指令编程工具和资源，并为不同领域的开发人员提供一些建议和推荐。

(1) 编程环境和集成开发环境。

编程环境是指进行指令编程的基本工具。针对不同的编程语言和平台，有许多优秀的IDE可供选择。例如，对于Python语言，PyCharm和Jupyter Notebook是常用的IDE。对于Java开发，Eclipse和IntelliJ IDEA是流行的选择。这些IDE提供了丰富的功能，如代码自动完成、调试工具、版本控制集成等，大大提升了开发效率和代码质量。

(2) 指令编程框架和库。

指令编程框架和库为开发人员提供了丰富的功能和工具，用于简化和加速指令编程的过程。根据具体的开发需求和领域，可以选择相应的框架和库。例如，对于机器学习和数据科学领域，TensorFlow、PyTorch和Scikit-learn等是常用的框架和库。对于Web开发，Django和Flask是流行的选择。这些工具提供了丰富的功能和算法，可以快速实现复杂的任务和功能。

(3) 在线学习资源和教程。

在学习指令编程的过程中，可以利用丰富的在线学习资源和教程来提升技能。有许多在线平台和网站提供免费或付费的编程课程，如Coursera、Udemy和Codecademy等。此外，开源社区也提供了大量的学习资源和教程，如GitHub和Stack Overflow。通过学习资源和教程，开发人员可以学习新的技术和工具，掌握指令编程的最佳实践。

(4) 开发工具和辅助软件。

在指令编程过程中，可以借助各种开发工具和辅助软件来提高效率和质量。例如，版本控制工具(如Git)、代码编辑器(如Visual Studio Code)、API文档和参考资料等都是开发人员常用的工具和资源。这些工具可以帮助开发人员更好地组织和管理代码，加速开发过程，并提供必要的参考和支持。

(5) 开发者社区和论坛。

加入开发者社区和参与相关论坛是获取指令编程领域最新信息和解决问题的好途径。

在这些社区和论坛中，开发人员可以与其他开发者交流经验、分享知识，并寻求帮助和建议。知名的开发者社区包括 Stack Overflow、Reddit 和 GitHub 社区等。通过参与这些社区和论坛，开发人员可以扩展人际网络，获得有价值的反馈和建议。

(6) 文档和手册。

良好的文档和手册对于理解和使用指令编程工具和资源至关重要。官方文档和手册提供了详细的说明和示例，帮助开发人员了解工具的特性和用法。此外，一些优秀的书籍和教程也是学习和掌握指令编程的重要资源。建议开发人员在使用新工具或学习新技术时，充分利用官方文档和推荐的参考资料。

(7) 开源项目和示例代码。

开源项目和示例代码是学习指令编程的重要资源之一。通过参与开源项目，开发人员可以深入了解优秀的代码实践和设计模式，并与其他开发者合作，共同改进和推进项目。此外，大量的示例代码可供学习和参考，帮助开发人员快速入门和实践。GitHub 等代码托管平台提供了许多优秀的开源项目和示例代码库。

指令编程的工具与资源推荐包括编程环境和 IDE、指令编程框架和库、在线学习资源和教程、开发工具和辅助软件、开发者社区和论坛、文档和手册，以及开源项目和示例代码。开发人员应根据具体需求选择合适的工具和资源，并积极利用这些资源来提升开发效率和质量，不断提升自己的指令编程技能。

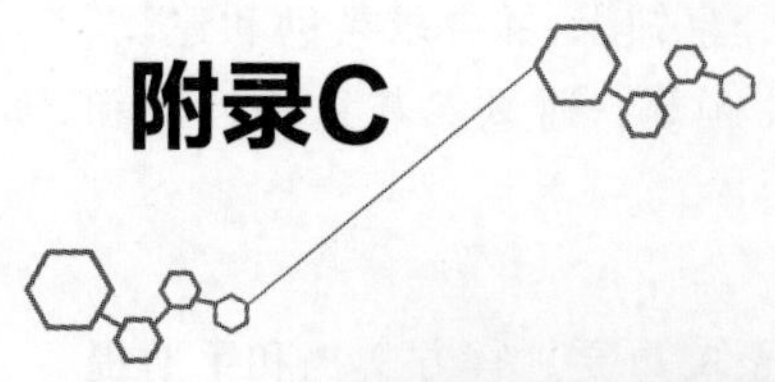

附录C

示例代码与案例中使用的数据集

在本书的示例代码和案例中，使用了多个数据集来说明指令编程在不同领域的应用。这些数据集涵盖了各种类型的数据和应用场景，旨在展示指令编程在现实世界中的潜力和效果。

以下是一些示例代码和案例中使用的数据集的详细描述。

(1) 电子商务数据集。

本书使用了一个包括大量商品信息、用户评价和销售数据的电子商务数据集。这个数据集涵盖了不同种类的产品，包括电子设备、家居用品、时尚服饰等。通过使用指令编程，可以对该数据集进行各种查询和分析，如根据销售数据进行销售趋势预测、根据用户评价进行产品推荐等。

(2) 社交媒体数据集。

本书使用了一个社交媒体数据集，其中包括用户发布的大量帖子、评论和社交关系。这个数据集可用于指令编程的社交网络分析和推荐系统开发。通过使用指令编程，可以提取用户之间的社交网络关系、识别用户兴趣和行为模式，从而实现个性化的推荐和社交网络分析。

(3) 医疗数据集。

本书使用了一个医疗数据集，其中包括患者的病历、诊断结果和治疗方案等信息。通过指令编程，可以对这些医疗数据进行分析和挖掘，如根据患者病历预测疾病风险、基于治疗方案进行个性化医疗建议等。通过使用指令编程，可以改善医疗决策和提供更有效的医疗服务。

(4) 自然语言处理数据集。

本书使用了多个自然语言处理数据集，包括文本分类、情感分析和机器翻译等任务的数据集。通过指令编程，可以构建文本分类模型、情感分析模型和机器翻译模型，实现对文本数据的自动处理和分析。这些模型可以应用于各种场景，如智能客服系统、舆情分析和多语言交流等。

在示例代码和案例中，将这些数据集与指令编程技术相结合，演示了如何使用指令编程进行数据处理、分析和应用开发。通过这些实际数据集的使用，读者可以更好地理解指令编程在不同领域的应用，从而掌握相关编写示例代码和开发相应的应用。

除了以上提到的数据集外，本书还使用了其他领域的数据集，如金融数据集、交通数据集、气象数据集等，以展示指令编程的多样性和适用性。在示例代码中，演示了如何使用指令编程进行数据的读取、清洗、转换和分析。通过编写指令集，能够灵活地处理不同格式的数据，提取有用的信息，并进行统计和可视化。

通过在示例代码和案例中使用这些数据集，读者可以深入了解指令编程在不同领域中的具体应用和技术细节。同时，读者也可以通过参考这些示例代码和案例，结合自身的领域和数据集，开发出适用于自己的指令编程应用。这有助于拓展指令编程的应用范围，并推动相关领域的创新和发展。

图书资源支持

感谢您一直以来对清华版图书的支持和爱护。为了配合本书的使用，本书提供配套的资源，有需求的读者请扫描下方的“书圈”微信公众号二维码，在图书专区下载，也可以拨打电话或发送电子邮件咨询。

如果您在使用本书的过程中遇到了什么问题，或者有相关图书出版计划，也请您发邮件告诉我们，以便我们更好地为您服务。

我们的联系方式：

清华大学出版社计算机与信息分社网站：https://www.shuimushuhui.com/

地　　址：北京市海淀区双清路学研大厦 A 座 714

邮　　编：100084

电　　话：010-83470236　010-83470237

客服邮箱：2301891038@qq.com

QQ：2301891038（请写明您的单位和姓名）

资源下载：关注公众号“书圈”下载配套资源。

资源下载、样书申请

书圈

图书案例

清华计算机学堂

观看课程直播